Promessas do genoma

FUNDAÇÃO EDITORA DA UNESP

Presidente do Conselho Curador
Herman Jacobus Cornelis Voorwald

Diretor-Presidente
José Castilho Marques Neto

Editor-Executivo
Jézio Hernani Bomfim Gutierre

Assessor editorial
João Luís Ceccantini

Conselho Editorial Acadêmico
Alberto Tsuyoshi Ikeda
Áureo Busetto
Célia Aparecida Ferreira Tolentino
Eda Maria Góes
Elisabete Maniglia
Elisabeth Criscuolo Urbinati
Ildeberto Muniz de Almeida
Maria de Lourdes Ortiz Gandini Baldan
Nilson Ghirardello
Vicente Pleitez

Editores-Assistentes
Anderson Nobara
Fabiana Mioto
Jorge Pereira Filho

Marcelo Leite

Promessas do genoma

editora
unesp

© 2006 Editora UNESP

Direitos de publicação reservados à:
Fundação Editora da UNESP (FEU)
Praça da Sé, 108
01001-900 – São Paulo – SP
Tel.: (0xx11) 3242-7171
Fax: (0xx11) 3242-7172
www.editoraunesp.com.br
www.@livrariaunesp.com.br
feu@editora.unesp.br

CIP – Brasil. Catalogação na fonte
Sindicato Nacional dos Editores de Livros, RJ

L554p
  Leite, Marcelo, 1957-
    Promessas do genoma / Marcelo Leite. – São Paulo: Editora UNESP, 2007.
    il.
    Inclui bibliografia
    ISBN 978-85-7139-733-0

    1. Human Genome Project. 2. Genoma humano – Aspectos morais e éticos. 3. Mapeamento cromossômico humano. 4. Biotecnologia. 5. Bioética. 6. Engenharia genética – Aspectos morais e éticos. I. Título.
07-0226.   CDD: 611.01816
                                                      CDU: 575.113

Índice para catálogo sistemático:
1. Desenvolvimento econômico: História 338.9009

Editora afiliada:

Para Alberto Tassinari

Sumário

Prólogo 9

1 Ecosdeterministas no Genoma Humano 21
2 Outras biologias: sistemas de desenvolvimento 83
3 Armadilhas do determinismo tecnológico 135
4 Metáfora e crítica do gene como informação 185

Epílogo 221
Referências bibliográficas 231

Prólogo

Este livro tem origem na tese de doutorado *Biologia total: Hegemonia e informação no genoma humano*, defendida na Universidade Estadual de Campinas (Unicamp) em agosto de 2005 e produzida sob orientação de Laymert Garcia dos Santos.[1] Uma tese que nasceu da necessidade de refletir sistematicamente sobre algumas noções e obsessões sedimentadas ao longo de mais de duas décadas de prática do jornalismo científico: insatisfação com a dicotomia tradicional entre natureza (biologia) e cultura (sociedade); crítica do cientificismo contemporâneo e, ao mesmo tempo, fidelidade à promessa de imparcialidade embutida nas ciências naturais, como forma de resistência às marés arbitrárias que de tempos em tempos varrem as ciências humanas; questionamento do determinismo tecnológico, que tende a reduzir os processos de mudança social a meros reflexos da invenção de

---

1 Participaram ainda da banca examinadora Leila da Costa Ferreira, Hugh Lacey, Renato Ortiz e Fernando de Castro Reinach, aos quais agradeço pelas críticas e sugestões, grande parte delas assimilada neste volume.

novas técnicas; reflexão acerca do potencial perturbador da pesquisa biológica sobre representações, valores e teorias sociais; combate a todas as formas de determinismo biológico e genético, antes de mais nada por sua incompatibilidade com uma visão mais grandiosa da vida; e, acima de tudo, se possível, prospectar alternativas realistas à dicotomia tradicional entre uma visão otimista (prometeica) da técnica e da ciência e uma visão pessimista (fáustica) que desespera daquela promessa de imparcialidade. Em menos palavras, tratava-se de dar densidade e coerência à convicção de que não se pode pensar o mundo contemporâneo sem nele incluir as ciências naturais – no mundo vivido e, portanto, no pensamento sobre ele.

Um dos temas que enfeixaram essa gama de preocupações, ao longo dos anos 1990, foi o da biotecnologia. Naquela década, a tecnologia do DNA (ácido desoxirribonucleico) recombinante – ou seja, a capacidade de manipular e rearranjar trechos de DNA, no que se convencionou chamar de engenharia genética – deixou de ser pouco mais que uma curiosidade de laboratório para se tornar o cerne de um sistema tecnológico em acabamento, ao qual chegou a ser atribuído o potencial transformador do silício, do átomo, do petróleo, da eletricidade e do vapor. A penetração da biotecnologia na medicina, na reprodução humana e na agricultura teve como pano de fundo a conversão da pesquisa biológica a um modelo predominantemente molecular, com a proliferação dos programas de inventário genético tão bem representados no Projeto Genoma Humano (PGH). Nunca um empreendimento tecnocientífico dedicado à vida havia comandado tanta atenção e energia na esfera pública, prerrogativa até então das outras engenharias – as que produziam bombas e usinas atômicas, ou foguetes para alcançar a Lua. A simples ideia de uma tecnologia da vida, de uma *bio*tecnologia, aliada à sua materialização em escala industrial, tocou um nervo de imaginação e ansiedade que diz mais sobre os vasos capilares propagados pelo conhecimento biológico no tecido da cultura contemporânea do que sobre os resultados propriamente ditos da pesquisa biomolecular e genômica.

Era e continua sendo necessário entender como e por que as tecnologias da vida desencadearam tanta comoção. *A tese central deste livro é que tamanha repercussão social se explica mais cabalmente pela mobilização retórica e política, nas interfaces com a esfera pública leiga, de um determinismo genético crescentemente inconciliável com os resultados empíricos obtidos no curso da própria pesquisa genômica*; subsidiariamente, que as práticas discursivas dos biólogos moleculares, cumprido o objetivo retórico de apoiar a construção de sua hegemonia no campo institucional e de financiamento à pesquisa, se encontram numa fase de modulação para acomodar formulações menos deterministas – consubstanciadas no que já se chama de *biologia de sistemas* – e em certa medida consistentes com perspectivas teóricas críticas dentro da própria biologia, antes descartadas como noções ideológicas ou politicamente motivadas.

Para um jornalista em busca de uma perspectiva sociológica e filosófica para considerar menos superficialmente sua própria atividade propagadora de noções e representações sobre a tecnobiologia, o PGH quase se impunha como objeto de pesquisa: nenhum outro assunto obteve tanta projeção nos meios de comunicação, sejam eles leigos ou especializados, nos últimos anos. É esse megaprojeto de pesquisa biológica que se encontra no centro de gravidade deste volume. A opção metodológica foi analisar os textos produzidos pelos biólogos moleculares e seus críticos, tanto aqueles voltados para o público mais especializado e publicados em periódicos que guardam, no entanto, ligação clara com a esfera pública leiga (como *Nature* e *Science*), quanto artigos, entrevistas, ensaios e livros dirigidos por pesquisadores diretamente ao público, no que se convencionou chamar de divulgação científica. O período coberto por essa literatura se concentra entre os anos 2000 – quando o primeiro rascunho da sequência do genoma humano foi anunciado – e 2003, que marcou tanto a finalização do sequenciamento quanto o cinquentenário da descoberta da estrutura do DNA por Watson e Crick, reinvestido como momento inaugural de um processo que teria no

PGH o seu clímax. Com frequência, porém, foi preciso recorrer a escritos de décadas anteriores, para buscar algumas das raízes da hoje hegemônica biologia molecular, e de anos posteriores, para aquilatar se houve alguma alteração no panorama das representações e autorrepresentações sobre esse campo de pesquisa. O objetivo dessa análise de textos foi justamente acompanhar as variações nos graus e nas formulações de determinismo genético entre autores e gêneros de publicação, assim como ao longo do tempo, para extrair conclusões relevantes para o pensamento social e para a sociologia da ciência das transformações em seus usos retóricos.

O estilo da pesquisa, por assim dizer, buscou inspiração nas vertentes *etnográficas* de Paul Rabinow, Bruno Latour e Marilyn Strathern, assim como na *sociologia cognitiva* preconizada por Ulrich Beck – uma forma de crítica de ciência caracterizada pela simbiose entre filosofia e vida cotidiana que se ocupa de contrapor a estreiteza mental vigente nos laboratórios à estreiteza mental da consciência individual e dos meios de comunicação (Beck, 1996a, p.124), que aqui no entanto não se debruçou sobre outras práticas dos peritos além das prevalentes no plano das publicações. É no terreno baldio entre esses dois pólos deficitários de reflexão que medram as metáforas com as quais a tecnociência constrói sua autoimagem de pesquisa empírica neutra, uma projeção tomada em geral por convincente, que impede a maioria de enxergar nela uma atividade humana em que os valores também desempenham um papel, embora ela o negue com veemência. O papel do crítico de ciência, então, é o de engalfinhar-se com tais metáforas munido de duas armas: o mapeamento de sua congruência com os modelos explicativos continuamente revisados à luz dos resultados empíricos, para determinar se tais metáforas acaso não ganham vida própria e derivam para longe de seus objetos; e a remontagem das transformações sucessivas de certas famílias de figuras recorrentes, para entender se houve momentos nessa história em que as analogias desempenharam função mais heurística ou mais ideológica. O complexo de metáforas no fulcro de análise é o do *gene como informação*, esteio do determinismo biológico e do genocentrismo que dão e deram sustentação ao Projeto Genoma Humano.

A análise do discurso dos cientistas sobre e a favor do PGH está no cerne do Capítulo 1 e se baseia em dois tipos de texto imbricados na interface entre público especializado e público leigo: artigos, análises e reportagens sobre o genoma editados em periódicos científicos como *Nature* e *Science* entre 2000 e 2003 (mais alguns exemplos de 2004 a 2006), de um lado; e, de outro, livros de divulgação científica escritos por James Watson, o mais notório dos biólogos moleculares, codescobridor em 1953 da estrutura em dupla hélice da molécula do DNA. O primeiro tipo é de larga utilização por jornalistas especializados em ciência[2] e por isso mesmo privilegiado para induzir suas interpretações sobre o valor e a utilidade do PGH; no segundo, um cientista usa o peso da própria celebridade para inculcar no público, diretamente, as visões mais favoráveis sobre um sistema tecnocientífico em busca de hegemonia.

Rastreando as transformações sofridas pela noção de determinismo genético nesses documentos, sobressai primeiramente uma grande oscilação entre determinismo desabrido e uma assimilação ao menos parcial de fórmulas mais atenuadas e coerentes com a crescente complexidade interativa dos sistemas de genes e proteínas revelada pela própria pesquisa genômica, como se os biólogos moleculares estivessem o tempo todo falando simultaneamente para dois públicos, especializado e leigo, diminuindo ou aumentando a literalidade de metáforas deterministas conforme visem a efeitos mais descritivos ou mais retóricos. Tal

---

2 Um estudo com 627 reportagens sobre descobertas genéticas em jornais canadenses, americanos, britânicos e australianos, publicadas de 1995 a 2001, indicou que 31% deles mencionavam Science como fonte, e 19%, *Nature*, os dois mais citados (Bubela & Caulfield, 2004, p.1400).

oscilação é ainda sintomática da necessidade de fazer frente às resistências suscitadas pela expectativa de hegemonia da genômica, sobretudo diante da previsível frustração – do mercado e do público – com os parcos resultados práticos obtidos por uma tecnologia que se anunciava desde o início da década de 1990 como revolução da medicina e, década e meia depois, ainda não cumprira a promessa.

Diante desse questionamento potencial à sua hegemonia, os líderes da biologia molecular reagem com uma fuga à frente, rebaixando a conclusão do sequenciamento do genoma humano da posição de ápice para a de alicerce do edifício da vida, sobre o qual agora precisam ser erguidos mais e mais andares, ou seja, novos projetos bilionários (transcriptoma, proteoma, metaboloma, interatoma, reguloma, epigenoma e assim por diante). Com esse renovado expansionismo, a biologia molecular explicita o plano de subordinar todos os domínios da vida – e não só a vida e a saúde humanas – à perspectiva do controle tecnológico.

O Capítulo 2 traz uma apreciação mais técnica, do ponto de vista da teoria biológica e da filosofia da biologia, sobre a inadequação empírica crescente do conceito tradicional de gene informado pela doutrina do determinismo genético, a saber, a noção unidimensional e unidirecional de que o gene é uma mensagem em código-DNA que, traduzida ou transliterada em aminoácidos, determina uma proteína, uma função ou uma característica fenotípica. Essa crise do conceito explodiu com vigor incomum em torno da revelação de que o número de genes estimados no genoma humano ficou entre um terço e um quinto do número anteriormente calculado com base na quantidade de proteínas no repertório da espécie humana. Uma enumeração de constatações empíricas sobre a complexidade da organização genômica, como o fenômeno da interferência de RNA (ácido ribonucleico) – cuja descoberta foi contemplada com o Prêmio Nobel em Medicina ou Fisiologia de 2006 –, mostra que a inadequação da visão determinista não se impõe somente entre biólogos que são críticos habituais do PGH, mas a partir dos próprios laboratórios de biologia molecular.

Com isso, passa a se disseminar no campo genômico uma concepção mais sistêmica da biologia, que acolhe entre seus princípios alguns dos argumentos e propostas antes defendidos por pesquisadores insatisfeitos com a estreiteza da perspectiva determinista, por sua vez enfeixados numa perspectiva teórica ainda em processo de formalização e batizada de Teoria de Sistemas Desenvolvimentais (DST), que é herdeira de uma tradição de resistência contra a eugenia e a sociobiologia. Essa visão não determinista revaloriza, para além do DNA, interações e fatores não genômicos no desenvolvimento de organismos, como a epigenética, o cuidado parental e a delimitação do ambiente pelo próprio organismo (*niche-picking*). Diante desse tipo de constelação interacionista, torna-se difícil manter o vocabulário determinista de *programas*, *instruções*, *informação* e *controle* para definir a noção de gene, que pressupõe o isolamento de causas discretas e separadas. *Genes não determinam sozinhos as características herdadas, não são os únicos recursos desenvolvimentais transmitidos entre gerações e não constituem a única partícula sobre a qual age a seleção natural.* Por outro lado, tal recusa do *determinismo* não precisa comprometer o *reducionismo fisicalista* (investigação molecular de processos biológicos), que permanece como estratégia empírica legítima, de um ponto de vista cognitivo. Nada contra a pesquisa genômica, em si mesma; o que merece consideração crítica é a tendência valorativa a equacionar seus resultados com a explicação cabal de processos biológicos e sociais.

Considerar o objeto PGH de uma perspectiva adequada exigiu também estimar a dimensão correta da influência dos sistemas tecnológicos sobre o processo de mudança social, razão pela qual o Capítulo 3 se debruça sobre o tema do *determinismo tecnológico*, numa tentativa de livrar o terreno de análise da tentação de travestir o objeto de pesquisa em fator definidor de toda uma era, algo como o Século da Biotecnologia. Depois de proceder à crítica da noção de que o sequenciamento do genoma de fato revele as engrenagens da natureza, em geral ou humana, era preciso vacinar-se também contra a atribuição de causas simples a processos complexos, característica de explicações como "o automóvel criou o subúrbio" ou "a pílula deflagrou a revolução sexual". Os temas principais do capítulo, assim, são o da autonomização da técnica diante do ser humano e um seu correlato, o da oposição entre as perspectivas prometéica (otimista) e fáustica (pessimista) na interpretação do papel da tecnologia na história. Essas figuras em oposição são rastreadas em obras do século XX preocupadas com a centralidade da tecnologia na tradição oriunda de Marx, em particular na Escola de Frankfurt, até se tornarem temas centrais de investigação social na sociologia do risco e da modernização reflexiva.

Desse rastreamento emerge que a dicotomia Prometeu *vs.* Fausto se resolve pelo reconhecimento de que a tecnociência ocupa papel central, sim, na dinâmica socioeconômica contemporânea, mas não irreparavelmente descolada da ação humana (como pressupõe o determinismo tecnológico estrito), podendo e devendo esse estreitamento da razão e do escopo do projeto científico tornar-se alvo de um ceticismo sistemático na esfera pública, como instrumento de autonomia e emancipação. A adoção dessa perspectiva, além disso, implica rejeitar ao menos a noção forte de determinismo tecnológico, reservando um mínimo de espontaneidade aos sujeitos sociais diante de sistemas tecnológicos que, embora dotados de considerável momento inercial, não se encontram por definição fora de controle humano.

O Capítulo 3 prossegue aplicando o questionamento genérico do determinismo tecnológico ao setor da biotecnologia, ao perguntar se faz sentido emprestar-lhe centralidade tal, na sociedade contemporânea, a ponto de caracterizá-la como uma Era da Biotecnologia. Primeiramente, discute seu papel no mundo da produção, concluindo que ela de fato não faz sombra hoje à importância e alcance sistêmicos característicos da informática, contemporaneamente, ou do petróleo, da eletricidade e da máquina a vapor, no passado, que modificaram profundamente o próprio modo de organização da produção e o mundo do trabalho. Ainda assim, fica evidente que, primeiro, nada impede que as biotecnologias, principalmente numa eventual confluência com a informática e a nanotecnologia, venham a se tornar determinantes para o dinamismo da economia; depois, que já no presente a biotecnologia paradigmática da genômica está adquirindo o peso de um fator estruturante da sociedade, senão pela ponta de sua base econômica, ao menos pelo aspecto da sociabilidade, posto que tem potencial – real ou imaginário – para afetar a constituição dos sujeitos, não só como produtores de cultura, mas também em sua própria existência material, como organismos. Em resumo, como sistema tecnológico, a biotecnologia pode encontrar-se ainda numa fase de maturação ou acabamento, mas sua busca por hegemonia tecnocientífica já produz efeitos significativos sobre a sociedade e sua autorrepresentação, os quais Paul Rabinow propõe enfeixar na noção de *biossocialidade*, cujos contornos e implicações torna-se imperioso inventariar.

Um dos efeitos mais perceptíveis da marcha biotecnológica diz respeito ao problema das relações entre natureza (biologia) e cultura (sociedade), do ponto de vista das ciências sociais. O texto busca aquilatar como e se a clássica conceituação de fato social é afetada pelos resultados da biologia molecular na compreensão da espécie humana e por suas reverberações na esfera pública, em particular sob a égide do Projeto Genoma Humano. Embora se delimitando por oposição às ciências naturais, as ciências sociais sempre tiveram como pressuposto um substrato natural, excluído porém por definição de seu sistema explicativo. Como está exposto nesse terceiro capítulo, tal dicotomia já vinha sendo problematizada no campo da sociologia ambiental, em que consequências naturais da ação humana – efeitos não pretendidos e riscos — passam a condicionar a própria cultura e a própria organização social. Por outro lado, os avanços da biotecnologia, acima de tudo no campo da genômica e da engenharia genética, propiciam também uma reflexão sobre o estatuto e o futuro da natureza humana tida, aberta ou implicitamente, como substrato invariante das diversas formas sociais. Não se define mais facilmente o que é natural e o que não é. Em contraste com esse processo de *destradicionalização* da natureza, por assim dizer, dissemina-se na esfera pública um fenômeno simétrico de explicação naturalizante dos comportamentos individuais e coletivos, na forma de uma sociobiologia ressuscitada como psicologia evolucionista e revigorada com a onda de determinismo genético que acompanha o PGH. Essa eficácia é reconhecida (ou pressentida) mesmo fora do campo tradicional da sociologia e da filosofia da ciência, entrando na esfera de preocupações de filósofos de extração tão diversa quanto Jürgen Habermas e Francis Fukuyama, alarmados com seus efeitos sobre o fulcro da condição humana, que pretendem preservar (ainda que tenham dele concepção muito díspar). A alternativa a sua angústia racionalista pode estar na atitude etnográfica prescrita por Paul Rabinow: fazer o inventário e a descrição das práticas e relações concretas surgidas na esteira da *biossocialidade*.

O Capítulo 4 oferece uma visão crítica da noção pré-formacionista de gene como *informação*. Nascida como *código* em 1943, antes portanto da descoberta da estrutura do DNA em dupla hélice, a noção ainda teórica do físico Erwin Schrödinger já vinha dotada do ingrediente problemático, porém essencial à doutrina da ação gênica – a capacidade de executar o que prefigura: encontra-se nos genes a informação que dá origem *e* forma à matéria viva. Essa visão que enfeixa no gene os atributos da cognição se articula numa série de metáforas ainda hoje encontráveis na apresentação da genômica, como se verá no terceiro capítulo: planta-mestre arquitetônica (*blueprint*); imagem ou símbolo; regra, instrução ou programa, e assim por diante. Com o advento da engenharia genética (tecnologia do DNA recombinante) na década de 1970, esse conceito cognitivista de gene serviria de âncora para fixar a noção de informação genética como unidade de *controle* tecnológico (manipulação) e, por extensão, de *apropriação* (patenteamento).

Seguindo as indicações de Lenny Moss, o Capítulo 4 mostra ainda como essa construção se faz pela fusão imperceptível de dois conceitos diversos de gene, o gene pré-formacionista dos primórdios da genética e o gene como um recurso entre outros para o desenvolvimento do organismo. Essa fusão dá origem a uma noção híbrida e por assim dizer bastarda, articulada de maneira espúria pela figura da informação genética, cunhada com inspiração nas teorias cibernéticas em voga nas décadas de 1950 e 1960, quando as descobertas pioneiras sobre o chamado código genético estavam em curso. Por meio dessa operação, o gene passa a ser concebido como uma espécie de ícone da função biológica, ao mesmo tempo em que, na condição de portador da asséptica informação genética, se livra da carga incômoda da especificidade biológica, tornando-se móvel, virtual e manipulável o bastante para circular desimpedidamente pelos bancos de dados e de propriedade intelectual. O Capítulo 4 conclui pela necessidade de uma reformulação radical das metáforas sobre o gene.

*

Para finalizar este prólogo, é preciso deixar registradas duas influências decisivas para este trabalho. A primeira devo a Laymert Garcia dos Santos, meu orientador, e se trata de sua percepção pioneira de que a chave interpretativa de tantas questões relativas à tecnociência contemporânea se encontra na noção polissêmica de *informação*. A segunda é mais sutil, por comparecer neste trabalho mais como arcabouço do que como tema, mas nem por isso menos crucial, e se encontra nas obras de Hugh Lacey sobre a presença e o papel dos valores na pesquisa científica, sobretudo no campo das ciências naturais; em particular, devo a ele a percepção, um tanto tardia, para mim, de que a pesquisa empírica sistemática não se confunde necessariamente com a pesquisa experimental, uma vez que o *controle* por ela visado constitui na verdade um valor que pode, mas não precisa, necessariamente, pautar a investigação científica.

De ambos, Santos e Lacey, procurei assimilar, acima de tudo, a inventividade e o rigor da reflexão – dois atributos do trabalho intelectual que, com lamentável freqüência, estão ausentes da minha profissão de origem, o jornalismo.

Santo Antônio do Pinhal
Novembro de 2006

1
Ecosdeterministas no Genoma Humano

Se a promessa de revolução econômica, médica e social da biotecnologia tivesse de ser simbolizada por um único evento tecnocientífico, esse seria sem dúvida o sequenciamento (soletração) do genoma humano, ou seja, a compilação das mais de três bilhões de permutações bioquímicas entre bases nitrogenadas de quatro tipos (adenina, A; timina, T; citosina, C; e guanina, G) enfileiradas nos 24 cromossomos da espécie *Homo sapiens*. Na realidade, essa façanha mais tecnológica do que científica se desdobrou, sintomaticamente, em três eventos de enorme repercussão mundial: uma cerimônia na Casa Branca (Washington, D.C.) em 26 de junho de 2000; a publicação de edições especiais dos periódicos científicos *Nature* e *Science* em 15 e 16 de fevereiro de 2001, contendo os artigos acadêmicos sobre as chamadas sequências-rascunho do genoma humano, produzidas, respectivamente, pela iniciativa pública Projeto Genoma Humano (PGH) e pela empresa privada Celera Genomics; e 14 de abril de 2003, quando a sequência do PGH deixou de ser rascunho para alcançar a acuidade de 99,9% anteposta como meta (neste derradeiro evento, chefes de governo dos seis países envolvidos no PGH – Estados Unidos, Reino Unido, França, Alemanha, China e Japão – divulgaram comunicado conjunto em que afirmavam tratar-se de "uma plataforma fundamental para o entendimento de nós mesmos").[1]

O mês desse último evento não fora escolhido ao acaso. Apenas 11 dias depois do comunicado multinacional seriam comemorados os cinquenta anos da publicação no mesmo periódico *Nature* do célebre artigo[2] de pouco mais de uma página, que apresentou a modelagem da estrutura em dupla hélice da molécula de DNA (ácido desoxirribonucleico) pelo norte-americano James Watson e pelo britânico Francis Crick. Os próceres do PGH estabeleceram conscientemente um nexo genealógico com aquele que é tido como o momento inaugural da biologia molecular, cujo ápice projetado estaria no sequenciamento do genoma humano. Mas a obtenção dos 99,9% de acuidade na soletração das longuíssimas cadeias de DNA contidas nos cromossomos acabaria ocasionando repercussão discreta na imprensa mundial, e não só porque a verdadeira finalização do genoma havia sido precedida por dois outros eventos mais midiáticos, em 2000 e 2001, mas também porque as limitações dessa forma de pesquisa biológica por atacado já começavam a se tornar aparentes, como se verá adiante.

A cerimônia de junho de 2000, por outro lado, em que pese a participação do então presidente norte-americano Bill Clinton e do primeiro-ministro britânico Tony Blair, havia sido um tanto prematura, pois nem mesmo o qualificativo de "rascunho" era merecido pelas sequências genômicas do PGH e da Celera naquela altura; na realidade, celebrava-se mais a obtenção de um acordo político precário entre os dois grupos concorrentes, PGH e Celera, representados na ocasião por seus respectivos líderes, Francis Collins e Craig Venter. Em jogo estavam não apenas primazia e

---

[1] *Folha de S.Paulo*, 15.4.2003, p.A12.
[2] Watson & Crick (1953).

prestígio científicos, mas direitos de acesso e talvez de propriedade sobre o que Bill Clinton chamou hiperbolicamente de "linguagem em que Deus criou a vida" (Watson e Berry, 2003, p.xiii). Em particular da parte da iniciativa pública, havia o temor de que uma publicação precoce da sequência pela Celera desse a essa empresa privada direitos mais amplos, que tornariam inúteis os 12 anos e os mais de US$ 2 bilhões de verbas majoritariamente públicas que o PGH já havia investido na empreitada, àquela altura.

O evento genuinamente científico que apresentou aos públicos acadêmico e leigo a sequência do genoma humano foi, assim, representado pela edição dos trabalhos em fevereiro de 2001 – como de resto tem sido a praxe na pesquisa em ciência natural, na qual não basta produzir dados e interpretações, pois é do ritual de legitimação que sejam submetidos à revisão por pares promovida por periódicos como *Nature* e *Science*. Nessas edições especiais das duas mais lidas publicações científicas do mundo, estavam os caudalosos artigos com as descrições dos principais achados e surpresas do genoma humano, assim como dezenas de outros trabalhos e reportagens, discutindo aspectos técnicos, culturais e até políticos do genoma. Elas representam uma oportunidade única para tirar o pulso da emergente disciplina genômica, no momento mesmo em que ela dá por consolidada a própria hegemonia, e por essa razão os dois excepcionais volumes ocupam o centro de gravidade deste capítulo. O objetivo principal, aqui, é verificar quão fortemente ainda ecoa, nos trabalhos que reúnem, o determinismo genético[3] que ajudou o PGH a nascer e a obter dos governos e de instituições sem fins lucrativos daqueles seis países os três bilhões de dólares necessários para engajar milhares de cientistas e técnicos no maior

---

[3] Eis a definição de determinismo genético oferecida por Craig Venter e colaboradores no trabalho sobre a sequência do genoma humano: "a ideia de que todas as características da pessoa são 'gravadas' [hard-wired] pelo genoma" (Venter et al., 2001, p.1348).

programa de pesquisa biológica coordenada de todos os tempos. Afinal, tratava-se de descobrir, com a soletração do genoma, "o que é ser humano" (Roberts, 2001, p.1185) e de alcançar o "Santo Graal da biologia" (Judson, 1996, p.604), nas palavras de James Watson e Walter Gilbert, respectivamente, na década de 1980, quando o PGH ainda era uma idéia em busca de patrocinadores.

Sequenciar um genoma como o da espécie humana, que abriga em cada célula de cada indivíduo dois conjuntos da série de mais de três bilhões de permutações em que se ocultam os genes, não é tarefa trivial. A identificação da base nitrogenada (A, T, C ou G) em cada uma das posições depende de um número imenso de reações químicas cujos resultados precisam ser monitorados e recenseados com alto grau de confiabilidade. Quando a ideia de submeter o genoma humano inteiro a esse processo foi aventada por Robert Sinsheimer (Kevles & Hood, 1993, p.18; Watson & Berry, 2003, p.167) e Renato Dulbecco (Dulbecco, 1997, p.90; Watson, 2000, p.171), os meios técnicos disponíveis permitiam identificar no máximo mil bases por dia; na época da conclusão do sequenciamento, 15 anos depois, o PGH já tinha capacidade instalada para processar essa quantidade em um segundo, embora o princípio de discriminação das bases nitrogenadas fosse o mesmo. Tamanha aceleração foi fruto de investimentos maciços em tecnologia, que culminaram com o lançamento de sequenciadores automáticos em que as bases etiquetadas com marcadores fluorescentes (uma cor para cada um dos quatro tipos de base) são sucessivamente identificadas por laser enquanto percorrem dezenas de tubos capilares paralelos.

Antes de proceder ao sequenciamento em massa do genoma, a metodologia adotada pelo PGH previa que cada um dos 24 cromossomos fosse mapeado por meio de técnicas tradicionais de análise genética, pontilhando-os de sequências-marcadoras facilmente identificáveis, que serviriam posteriormente para orientar a remontagem do genoma como um todo (o processo de sequenciamento exige que os cromossomos sejam quebrados em incontáveis cadeias de algumas centenas de milhares de bases nitrogenadas, método conhecido como *shotgun*, por analogia com as espingardas cujos cartuchos espalham inúmeros fragmentos quando percutidos). A iniciativa pública seguia metódica e lentamente seu plano de concluir o trabalho apenas em 2005, quando, em 1998, o pesquisador e inventor Craig Venter anunciou que tentaria sequenciar o genoma humano no prazo de três anos, empregando um método que saltava a etapa do mapeamento e só havia sido testado, até então, com genomas de microrganismos várias ordens de grandeza menores e mais simples que os de mamíferos. A técnica, chamada de *whole-genome shotgun*, consiste em estilhaçar todos os 24 cromossomos de uma só vez, sequenciar os milhões e milhões de pedaços e depois remontar por computador (*in silico*, como se diz) a sequência toda, cromossomo por cromossomo, com base unicamente no alinhamento e superposição das cadeias soletradas.

Venter obteve apoio e capital da empresa de suprimentos e equipamentos Perkin Elmer, com a qual formou a *joint-venture* Celera Genomics, que se lançou em 8 de setembro de 1999 na tarefa de sequenciamento do genoma estilhaçado, processo concluído em 17 de junho de 2000, restando por fazer a parte mais difícil: recompor a sequência dos cromossomos propriamente ditos. O PGH, que havia iniciado, no princípio dos anos 90, o sequenciamento de pequena escala, em paralelo com o mapeamento do genoma, acelerara os trabalhos de soletração a partir de março de 1999, seis meses antes da Celera, em particular nos cinco centros de alta performance, que ficariam conhecidos como G-5: Whitehead Institute (Massachusetts, EUA); Sanger Centre (Reino Unido); Genome Sequencing Center, da Universidade de Washington (Missouri, EUA); Baylor College of Medicine (Texas, EUA); e Joint Genome Institute (Califórnia, EUA). Ambos os esforços seriam coroados com as edições de *Nature* e *Science*. Tudo, nessas duas edições dos periódicos, era grandioso, a começar pelos números, como se pode depreender do seguinte quadro--resumo (Quadro 1):

Quadro 1: Quadro comparativo das edições dos periódicos *Nature* e *Science* de, respectivamente, 15 e 16 de fevereiro de 2001.

	Nature, v.409, n.6822	*Science*, v.291, n.5507
Total de páginas	446	290
Páginas editoriais (percentual)	169 (38%)	141 (49%)
Páginas de anúncios (percentual)	277 (62%)	149 (51%)
nº artigos sobre o genoma	39	32
nº páginas do artigo principal	61	47
Autores do artigo principal	249	284
Centros de pesquisa de origem dos autores do artigo princiapal	20	14
Notas de rodapé (nº páginas de notas do artigo principal	452 (6)	181 (4)
Países envolvidos no seqüenciamento	6 (EUA, Reino Unido, Japão, França, Alemanha, China)	4 (EUA, Austrália, Israel, Espanha)
nº total estimado de genes no genoma	30.000-40.000	26.000-38.000

Muitas negociações haviam transcorrido entre junho de 2000, após a cerimônia na Casa Branca, e fevereiro de 2001, quando os artigos entraram no prelo, para que os grupos concorrentes chegassem a um acordo de publicação conjunta, mas elas fracassaram sobretudo pelas diferenças de opinião quanto ao modo de acesso aos dados gerados por ambas as iniciativas – o PGH defendendo que as sequências fossem postas em domínio público, em bancos de dados de acesso livre como o GenBank, até 24 horas depois de validadas, enquanto a Celera pretendia comercializar essa informação. Na falta de concordância, a Celera negociou com a *Science* um sistema de acesso aos dados – como é de praxe em publicações científicas – por via eletrônica apenas para aqueles pesquisadores que assumissem compromisso formal de não utilizá-los com finalidades comerciais; todos os outros usuários teriam de pagar para obter a sequência do DNA humano transcrita pela Celera.

Os dois periódicos de fevereiro de 2001 também apresentavam contrastes na apresentação do tema. Apesar da coincidência dos títulos de capa, *The Human Genome* (O genoma humano), evidenciavam-se nessas vitrines editoriais, já, algumas diferenças sutis que seriam amplificadas no interior dos volumes. *Nature*, além de incluir três "chamadas" (ou destaques, dois deles para assuntos não relacionados como o genoma – fissão nuclear e glaciologia), trazia uma aparência graficamente mais moderna, recorrendo a uma tipografia sem serifas e a letras minúsculas no título principal, enquanto *Science* fez uso de maiúsculas serifadas, tratamento usualmente identificado como mais clássico, ou sóbrio. Há coincidência também na alusão ao ícone maior da biologia molecular, a dupla hélice de Watson e Crick, apenas sugerida no periódico norte-americano (*Science*), em meio a semitons de sépia, e acentuada com todas as cores no congênere britânico.

O uso de figuras humanas também aproxima e ao mesmo tempo diferencia as duas capas: em *Nature* (ver Figura 1, a seguir), são cerca de 1.200 fotografias, que compõem um mosaico no qual se destaca a dupla hélice, um efeito produzido com auxílio do programa de computador PhotoMosaic, da Runaway Technology Inc.; em *Science* (ver Figura 2, a seguir), são apenas ilustrações realistas de seis pessoas, escolhidas com a visível intenção de representar todo o espectro da espécie e da vida humana (três homens, duas mulheres e um bebê sem sexo definido; um negro, uma oriental, uma aparente latina e três brancos; três jovens, um de meia-idade, um idoso). Em ambos os casos, fica evidente a identificação entre DNA e seres humanos (dupla hélice = espécie/espécime), como se a molécula do ácido nucleico fosse a sua definidora, a sua essência; na capa de *Nature*, porém, essa diluição do humano no molecular surge mais radicalizada, visualmente, na medida em que indivíduos ali comparecem no horizonte de desaparição característico do suporte mosaico – se bem que as pessoas exibidas em *Science* tampouco apareçam como tais, como indivíduos reais, pois se dissolvem na função generalizante de símbolo representativo. *Seres humanos não são mais do que instâncias do genoma*, parecem dizer ambas as capas, de um ou de outro modo – o que não deixa de ser maneira alternativa, até mesmo criativa, de reafirmar, por sugestão, o determinismo genético.

Figura 1: Capa do periódico *Nature*, 15 de fevereiro de 2001 (v409, n.6822).

Figura 2: Capa do periódico Science, de 16 de fevereiro de 2001 (v.291, n.5507).

Não se deve subestimar o alcance desse tipo de articulação – gráfica, como no que se acabou de ver, ou da linguagem, como se verá a seguir – para a formatação dos conteúdos da pesquisa científica e sua posterior assimilação pelo público leigo. As revistas *Nature* e *Science* se encontram em posição privilegiada para influenciar o significado que realizações de cientistas assumem no imaginário social: têm periodicidade semanal, não são ultraespecializadas como a maioria dos *journals*, os trabalhos técnicos que veiculam são precedidos por artigos, comentários e notícias que contextualizam e discutem os dados e interpretações dos *papers* científicos propriamente ditos, e aderiram nas duas últimas décadas a sistemas de prestação de serviços[4] para jornalistas especializados em ciência que as transformaram em duas de suas fontes preferidas de informação e em mananciais de pautas para reportagem (ambas as publicações são também importantes formadoras de opinião na comunidade científica internacional). Ambas as edições aqui analisadas abundam em hipérboles que sublinham o caráter histórico da publicação das sequências-rascunho do genoma humano; era imperioso, antes de mais nada, que os jornalistas assim a percebessem e assim a apresentassem para o grande público. Eis (Quadro 2) uma relação não exaustiva de qualificativos e figuras empregados ao longo dos mais de setenta textos das edições (nos parênteses, as páginas em que ocorrem):[5]

Não foi apenas pela profusão de páginas editoriais e publicitárias que a edição de *Nature* se evidenciou como fruto de inves-

---

4 Press Nature (press.nature.com) e Eurekalert/Science (www.eurekalert.org/jrnls/sci).

5 Numa resenha para a *Science*, Sydney Brenner (2001, p.1265) apresenta a sua relação de metáforas já empregadas para o genoma: Pedra de Rosetta, Livro do Homem, Código dos Códigos, Tabela periódica, planta-mestre (*blueprint*), livro de receitas, arquivo digital do Plioceno africano (Richard Dawkins), Graal da genética humana (Walter Gilbert), lista de peças ou componentes, cofre de códigos secretos (Kevin Davies) e linguagem em que Deus criou o homem (Bill Clinton).

Quadro 2: Hipérboles sobre o genoma nos periódicos *Nature* e *Science* de 15 e 16 de fevereiro de 2001.

Nature, v.409, n.6822	Science, v.291, n.5507
Revolução (758; 816; 832)	Revolução (1224; 1249)
Nova era (758; 814; 816; 823; 914)	Nova era (1182; 1224; 1249; 1257)
Avanço no autoconhecimento humano (813; 818)	Avanço no autoconhecimento humano (1153; 1182; 1185; 1219)
Revelação (814)	Tabela periódica da vida (1224)
Livro da Vida (816)	Livro/Biblioteca da Vida (1153; 1178; 1251)
Planta-mestre (blueprint) da espécie (822)	Planta-mestre (blueprint) da espécie (1181)
Tesouro de dados (828; 829; 860; 879)	Voo de Gagarin (1178); pouso na Lua (1219)
Admirável Mundo Novo (758)	Joia da Coroa/ápice da biologia (1182)
Façanha épica (829)	Momento histórico, épico (1153)

timento ainda mais profundo nas promessas do genoma humano. A comparação dos resumos que encimam os artigos principais (Lander et al., 2001; Venter et al., 2001) revela, pelo tom de grandiosidade e elevação moral, que o PGH tinha muito mais de seu futuro em jogo – um futuro lastreado, para o bem e para o mal, em gastos passados de mais de US$ 2 bilhões – do que a Celera. Eis o que afirmam os 249 autores do consórcio público nas três linhas que abrem o texto e ocupam o lugar tradicional do *abstract,* neste caso convertido numa espécie de "olho" (destaque) com função mais jornalística do que acadêmica:

> O genoma humano contém uma arca extraordinária de informação sobre desenvolvimento, fisiologia, medicina e evolução humanos. Relatamos aqui os resultados de uma colaboração internacional para produzir e tornar livremente acessível uma seqüência-rascunho do genoma humano. Também apresentamos uma análise inicial dos dados, descrevendo algumas das iluminações que podem ser recolhidas da seqüência. (Lander et al., 2001, p.860)

Compare-se esse uso de um adjetivo – "extraordinário" – tão impreciso quanto incomum na prosa científica, o autoelogio implícito de generosidade ("livremente acessível") e o escopo totalizante ("desenvolvimento, fisiologia, medicina e evolução humanos") com a relativa sobriedade técnica, quantitativa e informativa das 36 linhas do resumo – este sim um acabado *abstract* – no artigo escrito pelos 284 autores concorrentes da Celera e institutos associados em *Science*:

> Uma sequência-consenso de 2,91 bilhões de pares de bases (bp [*base pairs*]) da porção eucromática do genoma humano foi gerada pelo método de sequenciamento *whole-genome shotgun*. A sequência de DNA de 14,8 bilhões de bp foi gerada ao longo de 9 meses a partir de 27.271.853 leituras de alta qualidade de sequências (cobertura de 5,11 vezes do genoma) partindo de ambas as pontas de clones plasmídicos obtidos do DNA de cinco indivíduos. Duas estratégias de montagem – uma montagem de genoma completo e uma montagem regional de cromossomos – foram usadas, cada uma combinando dados de sequências da Celera e do esforço genômico financiado publicamente. Os dados públicos foram picados em segmentos de 550 bp para criar uma cobertura de 2,9 vezes daquelas regiões do genoma que haviam sido sequenciadas, sem incluir vieses inerentes ao procedimento de clonagem e montagem usado pelo grupo financiado publicamente. Isso elevou a cobertura efetiva das montagens a oito vezes, ao reduzir o número e o tamanho das lacunas na montagem final, em relação ao que seria obtido com uma cobertura de 5,11 vezes. As duas estratégias de montagem renderam resultados muito similares que concordam grandemente com dados de mapeamento independentes. As montagens cobrem efetivamente as regiões eucromáticas dos cromossomos humanos. Mais de 90% do genoma se encontra em montagens com estruturas [*scaffolds*] de 100.000 bp ou mais, e 25% do genoma em estruturas de 10 milhões de bp, ou maiores que isso. A análise da sequência do genoma revelou 26.588 transcritos codificadores de proteínas, para os quais houve fortes evidências em corroboração,

e um adicional de ~12.000 genes derivados computacionalmente, por meio de coincidências com o [*genoma do*] camundongo ou de outras fracas evidências de apoio. Embora aglomerados densos em genes sejam óbvios, quase a metade dos genes estão dispersos por sequências de baixo [*conteúdo*] G+C, separadas por longos trechos de sequências aparentemente não codificadoras. Apenas 1,1% do genoma é compreendido por éxons, ao passo que 24% são de íntrons, com 75% do genoma composto de DNA intergênico. Duplicações de blocos segmentais, cujo tamanho pode abarcar a extensão de um cromossomo, são abundantes por todo o genoma e revelam uma história evolutiva complexa. A análise genômica comparativa indica a expansão vertebrada de genes associados com funções neuronais, com regulação de desenvolvimento específico de tecidos e com os sistemas hemostático e imune. A comparação das sequências de DNA entre a sequência-consenso e os dados do genoma financiado publicamente fornecem localizações de 2,1 milhões de polimorfismos de nucleotídeo único (SNPs). Um par aleatório de genomas humanos haploides diferiu a uma razão de 1 bp por 1.250, em média, mas houve heterogeneidade marcante no nível de polimorfismos ao longo do genoma. Menos de 1% de todos os SNPs resultaram na variação de proteínas, mas a tarefa de determinar quais SNPs têm consequências funcionais permanece um desafio em aberto. (Venter et al., 2001, p.1305)

Há mais, porém. O texto do PGH em *Nature* se abre, logo após o pseudorresumo, com o artifício de estabelecer uma genealogia secular de nobreza, um *pedigree* científico que principia com a redescoberta das leis de Mendel na virada do século XIX para o XX, passa pela descoberta e pela caracterização dos cromossomos, pela definição da "base molecular da hereditariedade" (a dupla hélice de Watson e Crick) e pela decifração de sua "base informacional" (o chamado código genético), para culminar, obviamente, no próprio PGH: "O último quarto de século tem sido marcado por um impulso incansável de decifrar primeiramente genes e então genomas inteiros, semeando o campo da genômica" (Lander et al., 2001, p.860). É manifesto, em expressões como "impulso incansável", o empenho de justificação que perpassa esse texto híbrido, misto de artigo científico, relatório de pesquisa e petição pela continuidade do fluxo de financiamento, embora supostamente a tarefa estivesse concluída. Essa, de resto, parece ser a ambiguidade central do texto: apresenta-se como a expressão editorial de um clímax na pesquisa biológica, como a culminação de em esforço épico, em tamanho e implicação, mas ao mesmo tempo precisa reconhecer, ou explicitar, que os dados obtidos após 12 anos e mais de US$ 2 bilhões investidos na pesquisa não têm quase utilidade ou aplicação imediata. Em 2000/2001, pelo menos, esse não se configurava como um problema tão agudo para o grupo capitaneado pela Celera, que investira cerca de um décimo do tempo e do dinheiro na empreitada e acreditava, naquela altura, estar perto de obter rendimentos régios com a venda de informações genômicas; daí, talvez, proceda a relativa sobriedade do texto de Venter et al., que não precisam convencer o público internacional da importância transcendente de uma dispendiosa empreitada científica.

Hipérbole e propaganda

O PGH esteve desde o princípio às voltas com esse discurso hiperbólico e propagandístico. Perante o Congresso norte-americano, James Watson havia qualificado o sequenciamento do genoma como a façanha que permitiria descobrir "o que significa ser humano". Watson tornou-se em 1988 o primeiro diretor do Instituto Nacional de Pesquisa do Genoma Humano (NHGRI), criado dentro dos Institutos Nacionais de Saúde (NIH, órgão do governo federal norte-americano que é o maior financiador isolado de pesquisas biomédicas nos Estados Unidos) para capitanear o sequenciamento do genoma humano em parceria com o Departamento de Energia (DOE, que abraçou a ideia de soletrar todo o

DNA da espécie humana como parte de um mandato que incluía a pesquisa dos efeitos da radiação nuclear na saúde humana).[6] Atuando mais como um "diretor de marketing e primeiro vendedor"[7] do PGH (Lindee, 2003, p.434), o codescobridor da dupla hélice do DNA deixou o cargo em meio a um enfrentamento com a cúpula dos NIH por causa de pedidos de patentes para 2.758 fragmentos de genes sem função conhecida que um pesquisador então obscuro (Craig Venter) da instituição passou a apresentar a partir de junho de 1991 (Watson, 2003, p.180), dos quais Watson discordava. Foi no entanto o sucessor de Watson no NHGRI, Francis Collins, quem centrou a retórica pró-sequenciamento nos projetados benefícios da empreitada para a biomedicina:

> Enquanto Watson e seus conselheiros haviam falado de criar uma ferramenta, Collins falava de salvar vidas de crianças. "A razão pela qual o público paga e fica entusiasmado – bem, genes de doenças estão no alto da lista", explicava. Foi a época de ouro para os caçadores de genes. Perdido no oba-oba, porém, ficou o fato de que achar um gene era algo muito diferente de ter um tratamento, muito menos uma cura. (Roberts, 2001, p.1186)

Com efeito, a identificação de genes associados com raras síndromes genéticas (defeitos inatos de metabolismo) havia observado uma aceleração dramática nos anos 1990, antes mesmo do término da soletração do genoma, com base no mapeamento que estava em curso (reduzindo para meses uma pesquisa que costumava consumir anos ou décadas). O próprio Collins, então na Universidade de Michigan, participara diretamente da

---

6 O DOE financiou cerca de 11% do PGH (Watson & Berry, 2003, p.168).
7 Um dos lances visionários de Watson foi antever o debate sobre as implicações da genômica para a sociedade, em particular os ecos da eugenia, o que o levou a criar um programa preventivo de incentivo a estudos sobre aspectos éticos, legais e sociais (*ethical, legal, and social issues*, ou ELSI), destinando-lhe inicialmente 3% e depois 5% dos fundos do PGH, de início US$ 6 milhões anuais (Watson, 2000, p.202).

localização e transcrição do gene cujo defeito pode levar à fibrose cística, uma doença em que um excesso de produção de muco conduz a pessoa à morte; apesar da descoberta em 1989, até hoje o conhecimento da localização do gene no genoma e de sua sequência não engendrou tratamento nem cura.

Tampouco nas edições "históricas" de *Nature* e *Science* com os artigos do genoma ocorre a divulgação de grandes avanços biomédicos, como aliás seria de esperar. Muitos dos textos recorrem a uma mistura de otimismo e realismo em relação ao genoma recém-sequenciado, reconhecimento de que a soletração por si só pouco ou nada acrescenta em matéria de aplicações para a saúde, e à reafirmação de que uma avalanche de benefícios e avanços é iminente – daí as seguidas referências a uma revolução ou nova era na medicina, que será feita de medicamentos do gênero "bala de prata", com precisão molecular, e seu ajuste sob medida para o perfil genético do paciente (do qual um dia seria possível prever, com base só em seus genes, até reações adversas ou ineficiência de resposta). É como se a genômica permanecesse sempre como a ciência do futuro, um futuro indeterminado, que nunca chega – não chegou em 2000, não chegou em 2001, não chegou em 2003 e não chegou até 2006, mas que certamente vai chegar, asseguram seus arautos.

Há várias passagens, nas dezenas de artigos das edições de fevereiro de 2001, em que vem à tona essa tensão entre resultados prometidos e obtidos pelo sequenciamento do genoma. Um dos mais eloquentes aparece quase como um desabafo em artigo de Maynard Olson, pesquisador que na década de 1980 chegara a duvidar da necessidade de sequenciar o genoma humano. É sintomático que sua exasperação se dirija simultaneamente, ainda que não de modo explícito, contra os empreiteiros associados na construção do "momento histórico" – os líderes do projeto e a imprensa: "cada nova rodada de entrevistas coletivas anunciando que o genoma humano foi sequenciado solapa o moral daqueles que precisam ir trabalhar todos os dias para de fato fazer aquilo que eles leem nos jornais como algo que já foi realizado" (Olson, 2001, p.818). Na segunda-feira anterior à circulação das edições de *Nature* e *Science*, nada menos do que seis entrevistas coletivas simultâneas haviam sido organizadas pelo mundo, uma em cada país participante do esforço PGH, a mais importante delas de novo em Washington, com a participação de Collins (PGH) e Venter (Celera), prontos para disputar as atenções da imprensa: "... no aquecimento para esses encontros, os líderes integrantes de ambas as equipes vinham trabalhando duro na tentativa de assegurar que a história – ou pelo menos a mídia – julgasse que eles haviam feito a contribuição mais importante" (Butler, 2001a, p.747).

Essa tensão encontrou sua salvação retórica num artigo de fé, fé esta já um tanto esmaecida entre cientistas às voltas com realidades insuspeitadas no âmago do genoma, mas que eles nem por isso se esforçaram por abalar no público que paga e se entusiasma: a fé no determinismo genético.

Determinismo mitigado

"Não devemos recuar nessa exploração. E o fim de toda nossa exploração será chegar ao ponto de onde partimos, e conhecer o lugar pela primeira vez." A citação de T. S. Eliot que fecha o artigo do PGH em *Nature* (Lander et al., 2001, p.914) exprime bem, possivelmente à revelia dos autores, a circularidade implícita na empreitada do genoma. Eles decerto tinham em vista a coloração épica do verso, para fechar com chave de ouro as 61 páginas do texto, mas ao mesmo tempo indicaram com ela que nada de imprevisto havia ocorrido: soletrado o genoma da espécie, tinham em mãos – por definição – o texto do que significa ser humano. A frase final de Eliot ("e conhecer o lugar pela primeira vez") sugere, porém, que a jornada transforma tanto o viajante quanto seu destino, e é mesmo isso que parece ter acontecido com os sequenciadores do genoma: ao alcançarem seu objetivo, já não podiam sustentar com a mesma desenvoltura a doutrina da centralidade dos genes que havia servido tão bem como motivação e racionalidade do programa bilionário para recenseá-los.

Processos paralelos de crítica às simplificações do determinismo genético (segundo o qual tudo que ocorre num organismo é comandado pelos genes) e de detalhamento da complexidade inerente ao genoma, ao longo dos 12 anos do PGH, já não permitiam, no seu clímax editorial e midiático, usar a mesma linguagem e as mesmas metáforas, pelo menos não sem alguma dose de pudor, qualificativos, atenuações. O resultado é que as duas edições (*Nature* e *Science*) oferecem um espécie de *pot-pourri* com todos os matizes de determinismo, do mais empedernido genocentrismo a críticas pesadas da genomania – por vezes no interior de um mesmo texto. É como se os geneticistas escrevessem ao mesmo tempo para dois públicos, um leigo e outro especializado. Ou, então, trata-se de um efeito de transição entre maneiras de encarar o objeto genoma que os faz oscilar entre uma retórica determinista e descrições menos mecanicistas, em vários graus. Embora um James Watson se permita reeditar num volume lançado em 2000 ensaios da década de 1990 em que equaciona a natureza humana com os genes (*nature*) da espécie (Watson, 2000, p.172), numa publicação científica isso já se tornara quase impossível, sem adicionar algumas ressalvas, como a tão generalizada quanto protocolar referência ao papel complementar do ambiente (*nurture*).

Embora ressurja aqui e ali, por vezes em minúsculas dissimuladas, a metáfora religiosa do Livro da Vida já se tornara problemática demais, assim como o hábito de se referir a genes como *causas* de doenças e características. O editorial que abre *Nature*, por exemplo, opta por se refugiar na noção menos comprometedora de *influência*, ao mesmo tempo em que recorre a intensificadores para sublinhar seu caráter abrangente e definidor, tanto da história do indivíduo quanto da espécie:

A sequência do genoma humano contém o código genético que reside no núcleo de cada célula dos 10 trilhões de células em cada ser humano. Ele *influencia profundamente* nossos corpos, nosso comportamento e nossas mentes, vai ajudar no estudo das *influências não genéticas* sobre o desenvolvimento humano; vai desencadear novas iluminações sobre nossas origens e nossa história como espécie; e aponta novos caminhos para combater doenças. (*Nature*, 2001, p.745; grifos nossos)

Essa formulação cuidadosa contrasta em alguma medida com outra de sabor mais determinista, oferecida por três editores da revista britânica no texto introdutório da longa seção sobre o genoma, ainda que igualmente mitigada pela referência implícita a outros fatores, como o ambiente: "Seres humanos são muito mais do que simplesmente o produto de um genoma, mas *em um certo sentido* nós somos, tanto coletiva quanto individualmente, *definidos* no quadro do genoma" (Dennis et al., 2001, p.813; grifos nossos).

Para além desses textos de responsabilidade da equipe de edição da *Nature*, dos quais sempre se poderia dizer que misturam conceitos sem critério porque isso é da praxe do jornalismo, o próprio artigo científico central da equipe do PGH não escapa de tal oscilação. Após enumerar exaustivamente os muitos elementos genômicos que não se encaixam na visão simplista *gene* à *proteína* à *característica*, Lander et al. (2001, p.892) recaem na hipérbole determinista ao qualificar a tarefa de compilação da "lista completa dos genes humanos e das proteínas por eles codificadas" como a produção "da 'tabela periódica' da pesquisa biomédica". Ainda que um degrau abaixo do Livro da Vida, e apesar das minúsculas e das aspas, não fica tão longe assim da metáfora preferida dos geneticistas quando falam para o público, pois a tabela periódica representa, para a química, uma espécie de quadro sinóptico da matéria, em que cada componente fundamental – os elementos químicos – encontra uma posição definida e matematicamente descrita numa totalidade de ordem transparente. Alguns degraus mais abaixo se encontra outra metáfora escritural, a do "caderno de notas de laboratório da evolução" (Lander et al., 2001, p.914), que emergiria da comparação dos genomas de diversas espécies; embora bem menos imponente que uma Bíblia, o caderno de laboratório ainda assim é uma metáfora menos inocente do que aparenta em sua pseudomodéstia, pois implica conceber a própria natureza conscrita aos limites antropomorfizados de um processo de invenção (o que implica intencionalidade) e de experimentação (o que implica controle) centrado nos genes (o que implica determinismo). Formulações mais atenuadas podem ser encontradas nos artigos de comentário e contextualização encomendados pela *Nature*. O Nobel David Baltimore, por exemplo, que havia sido nos anos 80 um dos críticos da idéia de sequenciar por completo o genoma humano, afirma que "as sequências-rascunho do genoma humano ... fornecem um *esboço* da informação *necessária* para criar um ser humano" (Baltimore, 2001, p.814; grifos nossos). Uma escolha cuidadosa de palavras, pois ao menos deixa implícito que o autor não as considera necessariamente *suficientes* para a criação de um exemplar da espécie, como reza a doutrina genocêntrica da "ação gênica".

Tal maneira de pensar, que marcaria a genética e a biologia molecular, havia sido forjada ainda antes da descoberta da estrutura do DNA em dupla hélice (1953) e até mesmo antes da comprovação de que era o DNA, e não uma ou mais proteínas, a substância portadora da hereditariedade genética (1944). Sua matriz se encontra num célebre e influente livro escrito não por um biólogo, mas por um físico, e logo uma celebridade da mecânica quântica, ninguém menos que Erwin Schrödinger, autor de *What is Life?* (O que é vida?) Nele se apresenta a noção de que o "sólido aperiódico" capaz de conter de maneira cifrada as informações hereditárias teria de reunir numa mesma entidade duas funções que, na metáfora, necessariamente vêm separadas: as plantas do arquiteto e a mão de obra do construtor (Schrödinger, 1997, p.41-2).

Chega a ser surpreendente que, seis décadas depois, uma analogia tão problemática ainda esteja em circulação, mas é o que se observa na mescla de variados graus de determinismo genético que as edições de fevereiro de 2001 apresentam. Não só a imagem do planta-mestre (*blueprint*) se repete à exaustão como ainda chega a ser empregada quase no mesmo sentido de Schrödinger, num *box* (quadro) jornalístico na *Science*: "O genoma humano é tido como planta-mestre para construir um organismo, mas cabe aos biólogos do desenvolvimento decifrar como tal 'planta-mestre' *dirige* a construção" (Vogel, 2001, p.1181; grifo nosso).

Muitos pesquisadores que escrevem nos dois periódicos preferiram resguardar-se numa formulação mais cuidadosa, ainda que reminiscente da metáfora arquitetônica, recorrendo à imagem do *suporte* ou *arcabouço* – "scaffold", em inglês. Ela ocorre, por exemplo, na seguinte descrição do processo de expressão gênica (leitura e tradução de um gene em proteína): "... transcrição, pré-processamento de RNA e formação de terminações 3' ... envolvem o reconhecimento de um ácido nucleico (DNA ou RNA) que serve como *suporte* para o complexo multiproteína no qual a *reação relevante* (transcrição, processamento ou formação de terminação 3') acontece" (Tupler et al., 2001, p.832). Em sentido já mais figurado, a metáfora reaparece, na edição da *Science*, em artigo de Svante Pääbo no qual a alternância entre hipérboles e prudência é particularmente digna de nota. Após comparar a soletração com o pouso do homem na Lua e com a explosão da primeira bomba atômica, pois, como nesses eventos marcantes, ela obrigaria o homem a refletir sobre si mesmo, ele afirma que "a sequência do genoma humano nos dá uma visão do *arcabouço* genético interno em torno do qual cada vida humana é moldada" (Pääbo, 2001, p.1219).

Estamos muito distantes do projeto-construtor de Schrödinger, não resta dúvida, mas nem por isso de posse de uma analogia pouco problemática. Afinal, trata-se de um arcabouço de tipo muito especial, dado a apresentar – na visão de Pääbo – articulações tão nevrálgicas que podem ser consideradas essenciais; se, por um lado, a imagem acentua o aspecto passivo e meramente mediador do DNA nas vias metabólicas da célula, em consonância com o argumento antideterminista, por outro ela veicula implicitamente a noção de que certas peças desse andaime são imprescindíveis para que o prédio final ganhe uma cumeeira e permaneça de pé. Pääbo é colaborador do grupo de Anthony Monaco, que publicaria na concorrente *Nature*[8] a descoberta do gene FOXP2, celebrado como o "gene da linguagem", mas que na realidade é só uma sequência de DNA comprovadamente envolvida, em seres humanos, num aspecto de desenvolvimento embrionário que parece ser crucialmente necessário para a capacidade de articular palavras (o que obviamente não significa que seja suficiente para desenvolvê-la); meses depois, a comparação com o DNA de chimpanzés revelaria que a versão símia do gene tinha sequência diversa, o que reforçou a ideia de que se trata de uma peculiaridade humana. É esse o tipo de gene – exclusivo da espécie humana e associado com uma característica de importância antropológica, como a linguagem – que Pääbo parece ter em mente quando, ao utilizar a imagem menos determinista de *arcabouço*, acaba por sobredeterminá-la com a noção, ela sim bem determinista, de que umas poucas permutações moleculares estejam na origem da própria condição humana, como a emergência da fala.

Outra analogia inaugurada por Schrödinger é a da linguagem cifrada, cuja fonte parece estar na importância que a criptografia adquiriu durante a Segunda Guerra Mundial. Nas décadas seguintes, ela seria acrescida de novas camadas semânticas com o surgimento dos primeiros computadores programáveis, quando o "código genético" passa a ser subentendido como código de computador, programa, software, e aquilo que o DNA encerra, como

---

[8] v.413, p.519-23, 4.10.2001.

informação.[9] Seu emprego se generalizou durante a década de 1960, quando os mais destacados biólogos moleculares se dedicaram à tarefa de "decifrar" o "código genético", ou seja, descobrir os mecanismos pelos quais sequências determinadas de bases nitrogenadas no DNA especificam sequências determinadas de aminoácidos para a síntese de uma proteína particular – o que conduziu à descoberta de que isso ocorre por meio de "sílabas" de três bases consequentemente batizadas como *códons*.

A partir de então, e até hoje, sempre que um biólogo molecular fala em *código* genético ou trecho *codificante* na sequência de DNA (éxon), é a imagem de programa de computador que se projeta no pano de fundo – e é dessa maneira que devem ser entendidas as dezenas de menções que aparecem em ambas as edições de fevereiro de 2001 dos periódicos científicos com a apresentação do genoma humano, tanto mais porque hoje a análise computadorizada das sequências se tornou uma ferramenta imprescindível da genômica (numa espécie de contaminação cruzada e potencializadora entre metáfora e ferramenta). Também elas, no entanto, aparecem ali com alguns grãos de sal, pois é longa a tradição de crítica a essa noção, iniciada, entre outros, por Lewontin, Rose & Kamin (1985). Além de muitos registros dando conta de que tal código ou programa é muito mais complexo do que o esquema instrução/execução faz supor – pela presença no genoma de uma série de elementos e forças que escapam inteiramente a essa conceituação, como as formas "parasíticas" de DNA conhecidas como retrotransposons –, em pelo menos um caso a metáfora chega muito perto de ser abandonada, ou pelo menos posta de pernas para o ar. É o que faz Pollard (2001, p.842), que associa a figura do suporte/arcabouço para descrever o genoma não como software, mas sim como substrato físi-

---

9 Uma investigação minuciosa da história da construção de tal metáfora se encontra em Kay (2000). A discussão mais detida das implicações dessa noção será apresentada mais adiante.

co dos computadores: "A sequência-rascunho do genoma humano é um passo importante para catalogar o *hardware* molecular que *dá suporte* ao processo da vida" (grifos nossos).

Metáforas codificantes

Em certos pontos do panorama oferecido pelos dois periódicos sobre o genoma humano, alguns pesquisadores conseguem lançar uma luz parcial sobre esse contínuo de visões mais, ou menos, deterministas acerca do papel do genes. É o que se pode observar, por exemplo, no artigo de Peltonen & McKusick (2001), em que, apesar de reeditarem a hipérbole de igualar o genoma com uma Tabela Periódica da Vida (p.1224), os autores tentam sistematizar essa coabitação de noções e estilos explicativos na forma de uma série de "mudanças de paradigmas" que estariam ocorrendo na biologia molecular, compilando o seguinte quadro de deslizamentos conceituais e prioridades de pesquisa (p.1226; grifos nossos):

Genômica estrutural	→ Genômica funcional
Genômica	→ Proteômica
Descoberta de genes baseada em mapas	→ Descoberta baseada em sequências
Disfunções monogênicas	→ Disfunções multifatoriais
Diagnósticos por DNA específico	→ Monitoramento de suscetibilidade
Análise de um gene	→ Análise de múltiplos genes
Ação gênica	→ *Regulação gênica*
Etiologia (mutação específica)	→ *Patogênese (mecanismo)*
Uma espécie	→ Várias espécies

Os dois itens destacados indicam bem como parece ser importante e profunda a transição em curso, ainda que poucos cientistas se deem conta dela e, menos ainda, tirem as consequências cabíveis ao menos naquela parte de seu discurso que se dirige ao público e não aos próprios pares: *regulação* é em princípio algo a que os genes estão submetidos, não algo que os genes *fazem, comandam, determinam* etc.; também parece ocorrer um deslizamento da ênfase na noção informacional de *mutação* (como um tipo de comutador liga/desliga) pela de *mecanismo*, um composto de elementos articulados em que a função se distribui por todos eles, que podem também se rearranjar, modular, adaptar etc. "Nenhum gene opera num vácuo; ao contrário, cada gene interage ativamente, seja diretamente, seja por meio de seu produto de proteína, com muitos outros genes e produtos de genes. Isso resulta em variações marcantes nos sintomas de pacientes com a mesma doença", escrevem Peltonen & McKusick (2001, p.1226). Para além das referências protocolares ao papel do ambiente, que aparecem por toda a parte entre os artigos do genoma, alguns autores avançam até o ponto de denunciar a falácia do genocentrismo, da doutrina da ação gênica e do determinismo nela implícito: "Para alguns, há um perigo de genomania, com todas as diferenças (ou similaridades, além disso) sendo depositadas no altar da genética. Mas eu espero que isso não aconteça. Genes e genomas não agem num vácuo, e o ambiente é igualmente importante na biologia humana", escreve Chakravarti (2001, p.823).

Talvez a mais direta e surpreendente denúncia do determinismo genético, entre os artigos de cientistas na *Nature* e na *Science*, tenha sido a que partiu do próprio Craig Venter. Mais surpreendente, ainda, que ela conste do último parágrafo do texto (em franco contraste com o fecho poético-laudatório da citação de T. S. Eliot do artigo do PGH na *Nature*), e mesmo que contrabandeando mais uma metáfora arquitetônica à Schrödinger:

> Há duas falácias a evitar: *determinismo*, a ideia de que todas as características da pessoa são "impressas" pelo genoma; e *reducionismo*, a visão de que, com o conhecimento completo da sequência do genoma humano, seja apenas uma questão de tempo para que nossa compreensão das funções e interações dos genes venha a oferecer uma descrição causal completa da variabilidade humana.

O verdadeiro desafio da biologia humana, para além da tarefa de descobrir como os genes *orquestram* a *construção* e a manutenção do miraculoso mecanismo de nossos corpos, estará à frente, na medida em que buscarmos explicar como nossas mentes puderam organizar pensamentos bem o bastante para investigar nossa própria existência. (Venter et al., 2001, p.1348; grifos nossos)

Como explicar, então, a persistência das noções deterministas acerca do papel primordial dos genes, dentro e fora da literatura científica? Vários autores representados nas edições em pauta de *Nature* e *Science* têm uma resposta pronta: é a imprensa leiga que mantém viva a chama do genocentrismo. Assim se pronuncia, por exemplo, o artigo de McGuffin, Riley & Plomin (2001, p.1232) acerca da genética comportamental, que os autores apontam como um dos campos preferidos do tratamento sensacionalista (o que é manifestamente verdadeiro): "Isso se deve provavelmente ao fato de que a maioria dos jornalistas – em comum com a maioria das pessoas leigas cultas (e alguns biólogos) – tendem a ter uma visão da genética simplificada, de gene único". Essa é também a opinião de Pääbo (2001, p.1220):

> talvez o maior perigo que vejo se origine da enorme ênfase que os meios de comunicação lançaram sobre o genoma humano. Os sucessos da genética médica e da genômica durante a última década resultaram numa forte guinada em direção a uma visão quase completamente genética de nós mesmos. Considero surpreendente que, dez anos atrás, um geneticista tinha de defender a ideia de que não só o ambiente, mas também os genes, moldavam o desenvolvimento humano. Hoje, sentimo-nos compelidos a acentuar que há um grande componente ambiental para as doenças comuns, o comportamento e os traços de personalidade! Há uma tendência insidiosa a olhar para os nossos genes em busca da maioria dos aspectos de nossa "humanidade" e a esquecer que o genoma não é senão um arcabouço interno para nossa existência.

Não se trata, é claro, de minimizar o papel e a responsabilidade de jornalistas na disseminação das formas deterministas de entender o genoma, mas a circulação desses conceitos pelos vários segmentos da opinião pública – em particular o trânsito entre as subesferas tecnocientífica (pesquisadores especializados), semileiga (pesquisadores de outras áreas e jornalistas ou divulgadores de ciência) e leiga (leitores em geral) – não parece encaixar-se muito facilmente na figura da *distorção* de cunho sensacionalista. Em primeiro lugar, porque as metáforas que veiculam tais conteúdos não foram cunhadas pela imprensa leiga, mas assimiladas e, quando muito, amplificadas por ela; depois, porque os cientistas, ainda que se afastem da literalidade dessas analogias em suas categorias operacionais no contexto experimental, prosseguem na sua utilização, em maior ou menor grau, nos textos que se destinam a formar a opinião de seus próprios pares e dos jornalistas especializados, leitores de publicações como *Nature* e *Science*, intermediários na transmissão e na interpretação desses feitos da tecnociência genômica para o público amplo. Podem-se cogitar muitas razões para que o façam, mas certamente uma delas – possivelmente uma das centrais – é que tais metáforas permanecem como sítios articuladores de sentido em seu próprio pensamento, vale dizer, da interpretação cultural que organizam para consumo próprio, e da sociedade, acerca de sua atividade e das realidades "naturais" que investigam. Paga-se algum preço, além de colher dividendos, por cunhar e pôr em circulação metáforas como a do Livro da Vida ou do programa de computador no DNA, como ensina no periódico *Science* um crítico precoce do genoma:

> Parece impossível fazer ciência sem metáforas. Desde o século XVII a biologia vem sendo uma elaboração da metáfora original de Descartes para o organismo como uma máquina. Mas o uso de metáforas carrega consigo a consequência de que construímos nossa visão do mundo e formulamos nossos métodos para sua análise como se a metáfora fosse a própria coisa. Há muito que o organismo deixou de ser visto *como* uma máquina e passou a ser enunciado como *sendo* uma máquina. (Lewontin, 2001b, p.1263)

Dito de outra maneira: os geneticistas e biólogos moleculares de fato pensam no organismo ou na célula como uma espécie de computador que tem no genoma seu software, o qual contém não só programas aplicativos como também os próprios dados a serem computados – como fica evidente nos exemplos oferecidos acima. Ocorre que as realidades medidas e descritas pela contínua pesquisa genômica são mais e mais incongruentes com esse vocabulário, sem que no entanto ele seja abandonado por essa razão. O resultado dessa promiscuidade conceitual e figurativa é a abertura de uma margem larga de maleabilidade retórica para o discurso de cientistas, que podem modulá-lo de acordo com a ocasião e o público, aumentando ou diminuindo a literalidade das metáforas de fundo determinista que sempre estiveram na raiz da racionalização genômica. Nem todos se mostram satisfeitos com as ambiguidades dessa miscelânea, porém, e já se batem por alguma forma de depuração da linguagem de consumo público sobre a genômica – seja por demanda de rigor intelectual, seja pela antevisão de que as metáforas exageradas poderão ser cobradas ao pé da letra, mais à frente.

Uma das vozes que se levantam com autoridade nessa direção, e na própria *Nature*, é a de Horace Freeland Judson, do Centro para História da Ciência Recente da George Washington University; jornalista e historiador da ciência contemporânea, Judson angariou prestígio acadêmico com uma das duas principais obras historiográficas sobre as primeiras décadas da biologia molecular.[10] Assim como Lewontin, ele se inclina para a recusa da ideia de que o determinismo genético e o linguajar metafórico a ele associado sejam obra apenas da imprensa:

> A linguagem que usamos sobre a genética e o projeto genoma por vezes limita e distorce nossa própria compreensão e a do pú-

---

10 *The Eighth Day of Creation* (Judson, 1996); a outra, *The Path to the Double Helix*, é de autoria de Robert Olby (1994).

blico. ... Essa linguagem descuidada não é mero jargão, cientistas falando entre si. Cientistas falam para os meios de comunicação, e os meios de comunicação falam para o público – e aí os cientistas reclamam que os meios de comunicação entenderam tudo errado e que os políticos e o público estão desinformados. O que os meios de comunicação fazem é mediar. A desinformação pública é em grande medida e na origem culpa dos próprios cientistas. (Judson, 2001, p.769)

Jornalistas de ciência, evidentemente, são canais de propagação de representações eivadas de determinismo genético. Levantamento realizado com 751 textos sobre genética em seis jornais diários brasileiros, de junho de 2000 a maio de 2001, revelou que 24% deles difundiam noções deterministas (Massarani et al., 2003). Outro estudo (Bubela & Caulfield, 2004), publicado no Canadá, comparou 627 reportagens editadas de janeiro de 1995 a junho de 2001 com os 111 artigos científicos que lhes serviram de base, no intuito de verificar a afirmação corrente de que a imprensa leiga exagera e promove indevidamente a pesquisa genética; a conclusão foi que apenas 11% das reportagens continham reivindicações moderadas ou altamente exageradas sobre a pesquisa relatada, em desacordo com o conteúdo do artigo científico, contra 63% sem reivindicações e 26% com afirmações ligeiramente exageradas. Com base nesses dados, os autores concluem, corroborando Judson, que jornalistas nem sempre são a fonte primária do exagero sobre os poderes da genética:

> Embora mais pesquisa seja necessária para confirmar a natureza e a causa dessa tendência ..., uma interpretação razoável é que os meios de comunicação, os periódicos científicos e a comunidade científica em geral podem inadvertidamente ser 'colaboradores cúmplices' na exageração sutil de reportagens de ciência. (Bubela & Caulfield, 2004, p.1404)

Judson, por outro lado, denuncia como problema central, em seu artigo, na célebre edição de 2001 de *Nature*, o uso da expressão *gene de*, ou *gene para* ("gene for", em inglês), como na locução "gene da linguagem", e defende a ressurreição do termo *alelo*: em lugar da construção paradoxalmente finalista "gene do câncer de mama", o correto seria falar do alelo (variante) que aumenta a chance de desenvolver um tumor mamário. Afinal, na maioria das vezes, o que os geneticistas obtêm não vem a ser mais do que uma correlação estatística entre a presença de um determinado marcador em certa região cromossômica e a probabilidade de desenvolver dada moléstia. Para ele, o que está sendo perdido com a generalização desse vocabulário é a capacidade de falar com propriedade da complexidade inerente ao tema:

> Pliotropia. Poligenia. Talvez esses termos não se tornem facilmente de emprego geral, mas o ponto crítico que nunca deve ser omitido é que os genes agem em concerto uns com os outros – coletivamente, com o ambiente. De novo, tudo isso já foi compreendido há tempos por biólogos, quando se desvencilham de palavras habitualmente descuidadas. Não abandonaremos o programa mendeliano reducionista por um holismo oportunista: não podemos abandonar o termo gene e seus aliados. Ao contrário, por nós mesmos e pelo público em geral, o que precisamos é nos lançar mais inteira e precisamente na linguagem apropriada da genética. (Judson, 2001, p.769)

Um bom começo, tendo em vista a impossibilidade de engatar marcha à ré na popular noção de gene, seria aderir à definição mais operacional – e menos comprometida semanticamente – oferecida por Venter et al.: "Um gene é um locus de éxons cotranscritos" (2001, p.1317). Simples, na aplicação, mas sem as dobras nas quais possam refugiar-se as implicações de fundo determinista – como na formulação tradicional que define o gene de modo finalista e pré-formacionista pelo produto eventual de sua transcrição, a proteína de cujo "código" ele é o suposto portador e arauto. Contra esse alargamento do horizonte genômico, no entanto, trabalha um dos mais proeminentes biólogos moleculares, ninguém menos do que um codescobridor da estrutura do DNA.

O maniqueísmo de James Watson

Os anos de 2000 a 2003 não foram tomados somente por entrevistas coletivas, edições especiais de periódicos científicos e reportagens em profusão sobre o genoma e suas maravilhas. O mercado editorial de livros também viu proliferarem obras de divulgação sobre o genoma, entre elas duas de autoria de James Watson: *A Passion for DNA – Genes, Genomes, and Society* [Uma paixão pelo DNA – genes, genoma e sociedade] saiu em 2000, ano em que a quase completa sequência-rascunho motivou a cerimônia na Casa Branca; e *DNA – The Secret of Life*,[11] de 2003, ano em que se comemoraram os cinquenta anos de seu artigo sobre a dupla hélice, em parceria com Francis Crick, e a finalização da sequência do genoma humano, que deixou assim de ser um rascunho. São livros destinados ao grande público, sobretudo o segundo, e têm o propósito claro de fixar o DNA e o genoma como os esteios da biologia moderna. Observa-se neles, assim como nas edições de *Nature* e *Science* de fevereiro de 2001, uma mescla paradoxal de hipérboles promocionais e de resultados módicos de aplicações, os quais contrastam com muitas indicações sobre a complexidade genômica, que por sua vez caminha na contramão da ideia de que da soletração do DNA da espécie humana resultariam rapidamente ganhos para a saúde humana. A diferença mais notável é que Watson, escrevendo fora do contexto da literatura científica, parece mais à vontade para pintar a biologia molecular em tons ainda mais róseos do que os resultados mensuráveis da pesquisa nesse campo permitiriam esperar.

O otimismo tecnocientífico desbragado é a marca de ambos os volumes, mas o de 2000 faz que ele transpareça melhor; sendo uma coletânea de ensaios publicados anteriormente ao longo de três décadas, revela como durante esse tempo todo Watson este-

---

[11] Edição brasileira: *DNA: O segredo da vida*. São Paulo: Companhia das Letras, 2005.

ve obcecado com a ideia de *melhoramento humano* por meio da biologia molecular, coisa que aliás ele explicita logo nas primeiras páginas do prefácio do livro: "O modo pelo qual tomei decisões no início da vida influenciaram fortemente o modo como tentei mover o futuro da biologia em direção ao melhoramento humano" (Watson, 2000, p.ix). O tom é esse do começo ao fim, o de uma celebridade autoconsciente da biologia que não hesita em pôr a própria notoriedade e uma lendária agressividade verbal a serviço da promoção do que percebe como a causa maior: fazer a sua biologia molecular avançar. Co-organizador do livro, Walter Gratzer contribui para a hagiografia watsoniana qualificando-o logo nas primeiras páginas da introdução de "estadista" (Gratzer, 2000, p.xviii), aquele que declarou a Guerra ao Câncer, iniciador de uma revolução intelectual que já teria dado respostas que vinham sendo buscadas "desde o alvorecer da razão" (ibidem, p. xvii) – e segue nessa toada. O próprio Watson investia nessa mitologia já em 1973, declarando-se parte "da mais alta forma de realização humana" (Watson, 2000, p.92), hábito que mantinha em 1997 (e depois), quando dava curso ao juízo de Max Delbrück segundo o qual ele, Watson, seria o Einstein da biologia (p.215).

Essas seriam apenas informações anedóticas, não fosse o fato de que contribuem para compor um contexto geral de exageração em que mensagem e arauto reforçam mutuamente a própria grandeza – e a mensagem, como não poderia deixar de ser, é a do determinismo genético, a melhor ferramenta de promoção do PGH. Nessa empreitada, cabe até mesmo ressuscitar a metáfora – velha de séculos – do *homúnculo* no espermatozoide e/ou no óvulo, que Gratzer (2000, p.xiv), insatisfeito com a imagem do planta-mestre (*blueprint*), conjura para descrever o DNA. O próprio Watson qualifica os genes como essência da vida, tanto da espécie quanto do indivíduo: "Uma vez que nossos genes são tão cruciais para nosso potencial para uma vida plena, a capacidade de examinar suas formas precisas, individuais, fornecerá ferramentas cada vez mais importantes para predizer o curso futuro de dadas vidas humanas" (Watson, 2000, p.169) – e isso em 1994, quando a crítica ao determinismo genético já corria há pelo menos uma década. Para o "Einstein da biologia", no entanto, tais objeções são pouco mais do que manifestações de fraqueza diante da perspectiva de poder imensurável aberta pela biologia molecular e pelo PGH:

> o genoma humano é a nossa planta-mestre por excelência, que fornece as instruções para o desenvolvimento normal e o funcionamento do corpo humano. Que sejamos seres humanos e não chimpanzés não se deve, em sentido algum, à nossa educação [*nurturing*], mas sim à nossa natureza, isto é, nossos genes. ... À medida que o Projeto Genoma Humano prossegue para sua conclusão, ganharemos o poder de compreender as características genéticas essenciais que nos tornam humanos. (ibidem, p.172)

O que esperar, de resto, de alguém que se orgulha de ter feito campanha contra a pesquisa em embriologia, nos seus sete anos na Universidade Harvard (1959-1966), diante da impossibilidade de uma ainda mal desenvolvida biologia molecular reduzi-la aos genes? (ibidem, p.52). Apenas que encare com certo desprezo aqueles que não comungam com tamanha latitude para a influência das sequências de DNA e que supostamente não possuem a coragem de encarar a "verdadeira" condição do homem: "O conceito de determinismo genético é inerentemente perturbador para a psique humana, que gosta de acreditar que tem algum controle sobre seu destino" (ibidem, p.196-197). Sua explicação para o antideterminismo de Lewontin, seu ex-colega de Harvard, é a de uma motivação ideológica (como se a sua própria fosse isenta disso), "nurturista" e politicamente correta, forjada na aversão ao movimento eugênico nos Estados Unidos e na Alemanha nazista que há muito seriam já páginas viradas da genética, argumenta (ibidem, p.205).

A esses argumentos de fundo político ele opõe outro, que se poderia qualificar como libertário-utilitarista: existem genes bons e existem genes ruins (ibidem, p.223), e imoral é nada fazer para impedir que futuros seres humanos recebam um quinhão injusto de genes imperfeitos (Watson, 2000, p.197), raciocínio que também já havia sido desenvolvido por Dulbecco (1997, p.210). Apesar de responsável pela destinação de 3% das verbas do PGH para questões éticas, Watson (2000, p.201) defende que o horror e o sofrimento atuais de doenças devem prevalecer sobre preocupações vagas e prematuras acerca de dilemas éticos. Seu pressuposto, porém, é que a genômica engendraria necessária e rapidamente, em menos de uma década, benefícios revolucionários para a saúde – algo que o "diretor de marketing" do PGH conta na mesma página ter atestado diante o interlocutor que realmente importava: "... o Congresso, sendo informado de que grandes avanços médicos fluiriam de modo virtualmente automático do conhecimento do genoma, não viu razão alguma para não prosseguir em velocidade" (ibidem, p.201). As primeiras verbas começaram a sair em 1987, mas duas décadas depois a revolução prometida não se concretizou.

Ainda que reeditados em 2000, esses eram textos de intervenção das décadas de 1980 e 1990, com clara intenção de angariar apoio para o PGH. Em 2003, quando saiu *DNA – The Secret of Life*, escrito em parceria com o jornalista Andrew Berry, o genoma já se encontra pronto e acabado. Mais de uma década se dissipara, desde os primórdios do sequenciamento propriamente dito, e, mesmo diante da inegável aceleração na descoberta de genes associados com doenças (na maioria, síndromes genéticas raras), contavam-se nos dedos de uma só mão os reais avanços em matéria terapêutica derivados de pesquisa genômica. Isso empresta a esse segundo volume de Watson – em conjunto com um DVD de mesmo título e pretensões didáticas, o que evidencia o propósito de atingir público amplo e professores de biologia em particular, e com o sítio na internet DNA Interactive[12] –

---

12 www.dnai.org, no qual se pode ler: "Escrito no DNA humano está um registro da individualidade de cada pessoa, a história partilhada da evolução da espécie e o código que pode fornecer uma perspectiva sobre a saúde futura da pessoa".

uma mescla ainda mais desconcertante de resultados módicos, quando não desapontadores, com uma profissão de fé renovada no potencial inesgotável da genômica.

O tom do texto é desabridamente determinista, na caracterização que oferece do DNA e do genoma humano pela pena leve do jornalista, como se pode depreender da seleção abaixo (Watson & Berry, 2003, grifos nossos):

- O DNA ... guarda a *verdadeira chave* para a natureza das coisas vivas. Ele armazena a informação hereditária que é passada adiante de uma geração à próxima e *orquestra* o mundo incrivelmente complexo da célula. (p.xi)
- A vida é *simplesmente uma questão de química*. (p.xiii)
- É o nosso DNA que nos distingue de outras espécies e que nos faz as criaturas criativas, conscientes, dominantes e destrutivas que somos. E aqui estava, em sua inteireza, aquele conjunto de DNA – o *manual de instruções* da espécie humana. (p.xiii-xiv)
- ... a noção de que a vida pudesse ser perpetuada por meio de um *livro de instruções* inscrito num *código secreto* me atraía. (p.36)
- A descoberta da dupla hélice fez soar o dobre da morte para o vitalismo. ... A vida era *só uma questão de física e química*, ainda que física e química exoticamente organizadas. (p.61)
- ... o modo pelo qual o DNA exerce sua *mágica controladora* sobre células, sobre o desenvolvimento, sobre a vida como um todo, é por meio de proteínas. (p.67)
- Acima de tudo, o genoma humano contém *a chave para a nossa humanidade*. O genoma humano é o grande conjunto de *instruções de montagem* que *governa* o desenvolvimento de cada um de nós. *A própria natureza humana* está inscrita nesse *livro*. (p.166)
- Projeto Genoma Humano ... é um *corpo de conhecimento tão precioso quanto a humanidade jamais adquirirá,* com potencial para tocar em nossas questões filosóficas mais básicas so-

bre *natureza humana,* tanto para propósitos do bem quanto do mal. (p.172)
- ... uma maravilhosa *nova arma* em nossa luta contra a doença e, mais ainda, toda uma *nova era* em nossa compreensão de *como os organismos são montados* e como operam, e do que é que nos afasta biologicamente das outras espécies – do que, em outras palavras, *nos torna humanos.* (p.193)
- ... permanece o fato de que a maior parte do que será cada organismo individual está *programado inelutavelmente* em cada uma de suas células, no genoma. (p.202)
- ... à medida que aprendemos mais sobre a base genética de moléstias adultas relativamente comuns, do diabetes à doença cardíaca, a *bola de cristal biológica* se tornará ainda mais poderosa, adivinhando os *destinos genéticos* relevantes para todos nós. (p.345)

O extenso da compilação se justifica para que se forme uma ideia mais concreta do teor da noção de gene e de genoma que se repete *ad nauseam* para o público amplo – não por meio de periódicos especializados, que nem o leigo nem o professor e seus alunos leem, nem tampouco, no caso, por jornais e revistas de interesse geral, cujo linguajar e apresentação poderiam estar sendo distorcidos por imperativos estranhos à ciência, como na tradicional acusação de sensacionalismo. Não, trata-se de uma obra de divulgação científica dirigida pelo "Einstein da biologia" ao grande público, diretamente (ainda que coadjuvado por um jornalista). Ele faz uma série de concessões à complexidade do genoma e à importância da interação dos genes com o ambiente, é verdade, mas é preciso procurar muito para encontrar, nas mais de 400 páginas do livro, passagens como esta: "Nós não somos meras marionetes em cujos fios apenas nossos genes dão puxões" (Watson & Berry, 2003, p.381).

Isso evidentemente não isenta o jornalismo científico de responsabilidade na propagação da visão determinista do gene, mas cumpre a função de mostrar que o circuito de construção de imagens sociais da pesquisa tecnocientífica abrange inúmeros canais e que pelo menos de alguns deles os cientistas participam diretamente, sem intermediários, e que modulam sua retórica de acordo com as finalidades que pretendem alcançar com cada público particular. Escrevendo um artigo técnico num periódico científico, não podem permitir-se certas figuras de linguagem; num comentário ou revisão para uma publicação de espectro ligeiramente mais amplo, como *Nature* ou *Science*, a latitude de vocabulário e imaginário é um pouco maior; mais, ainda, em livros, artigos ou entrevistas que caibam na rubrica de divulgação científica. Em todos os casos, porém, estão sempre sujeitos ao escrutínio da crítica, parta ela de seus próprios pares ou de leigos informados, e necessitam portanto preservar um mínimo de acuidade científica sob a retórica de intervenção – razão mais do que suficiente para que o jornalismo científico incorpore entre seus padrões e procedimentos uma disposição que se aproxime da *crítica*, tal como é exercida em relação aos produtos culturais e às campanhas eleitorais, para ficar em dois exemplos incontroversos.

Em *DNA – The Secret of Life*, por exemplo, Watson faz alguns ajustes na descrição das maravilhas do DNA. Já não subscreve integralmente o modelo inspirado nas síndromes genéticas raras – em que uma simples mutação acarreta a doença – como matriz para conceber e explicar todas as moléstias. No caso do câncer, já não fala tanto de genes (antes haviam sido vírus) *causadores* de tumores, mas de intervir em seus produtos intermediários: "Com as metodologias de DNA em desenvolvimento, os pesquisadores estão finalmente fechando o cerco sobre medicamentos que possam ter em mira apenas aquelas proteínas-chave ... que promovem crescimento e divisão de células cancerosas" (Watson & Berry, 2003, p.128). Como bom "estadista", ele declara sua fé na futura proliferação de histórias de sucesso, ainda que o presente nada tenha de brilhante (p.128) e que o preço disso seja firmar uma espécie de armistício na Guerra do Câncer, ou pelo menos aceitar a perspectiva de um conflito prolongado, sem vitória à vista:

> Ao longo da próxima década, uma armada virtual de pequenas moléculas e inibidores de proteínas estará provavelmente pronta para singrar os sistemas dos pacientes de câncer, sufocando a formação de vasos sanguíneos antes que os tumores tenham uma chance de se tornarem letais. E, se o crescimento de tumores puder de fato ser interrompido dessa maneira, poderemos vir a enxergar o câncer como fazemos com o diabetes, uma doença que pode ser controlada, mais do que completamente curada de uma vez por todas. (Watson & Berry, 2003, p.130)

O mesmo tipo de oscilação entre resultados parcos da genômica no presente e uma fé desproporcional em suas realizações futuras caracteriza a descrição para outro campo da saúde muito caro a Watson, a doença mental (Watson & Berry, 2003, p.390), assim como no caso das raízes genéticas da homossexualidade (p.391). Em certo sentido, o livro todo é uma sucessão de relatos razoavelmente factuais de como é modesto o retrospecto da genômica em matéria de tecnologias de promoção da saúde, contrabalançados pela convicção do codescobridor da dupla hélice de que os melhores frutos ainda virão. Em nenhum momento ele entretém a menor suspeita de que talvez o problema não esteja na limitação do esforço de pesquisa, como parece acreditar, mas na própria estratégia de pesquisa, ou pelo menos na expectativa desmesurada que contribuiu para criar e disseminar. Na realidade, é de uma espécie de fé no controle de moléculas que se trata, aqui, como fica evidente na importância desmedida que Watson atribui à invenção das técnicas de manipulação genética (DNA recombinante), em 1973, por Stanley Cohen e Herbert Boyer:

> Novos e extraordinários panoramas se abriram: nós finalmente conseguiríamos entender as doenças genéticas, da fibrose cística ao câncer; revolucionaríamos a justiça criminal com os métodos de

identificação genética; revisaríamos profundamente as idéias sobre as origens do homem – sobre quem somos e de onde viemos – pelo uso de abordagens baseadas em DNA; e aperfeiçoaríamos espécies agronomicamente importantes com uma eficácia com que antes só poderíamos ter sonhado. (Watson & Berry, 2003, p.xiii)

Apesar de todas as perorações sobre o papel crucial do ambiente, apesar de todas as referências à complexidade do genoma e à necessidade de muitos anos ou décadas de pesquisa, apesar do distanciamento da genética realmente existente em relação ao paradigma das síndromes monogênicas, a mensagem que interessa deixar para o leigo é esta: o câncer é uma doença genética, como a fibrose cística, e o mundo precisa financiar a pesquisa genômica para que um dia possa dar cabo delas (pouco importando, para efeitos retóricos, que o câncer não possa ser comparado com a fibrose cística, uma condição monogênica e determinística, e que mais de uma década após a identificação do gene correspondente ainda não houvesse uma cura para ela).

Sintomas de crise na genômica

À primeira vista, a sequência do genoma não é mais que uma fileira – que parece interminável, para a escala humana – de letras químicas (bases nitrogenadas) abreviadas como As, Ts, Gs e Cs, um livro numa língua estrangeira que não se compreende, na imagem de Fred Sanger (Pennisi, 2001a, p.1180), inventor do principal método de sequenciamento de DNA. Com base no conhecimento acumulado sobre certas peculiaridades das sequências que contêm genes, no entanto, a bioinformática tem instrumentos para identificar muitos candidatos a genes e, até, arriscar palpites sobre a função provável de parte deles (a partir da comparação com características de outros genes – e das proteínas que especificam – quando notoriamente envolvidos num determinado grupo de funções). Esse trabalho de análise computadorizada, ou *in silico* (por oposição tanto a *in vivo* quanto a *in vitro*) do genoma em busca de genes de interesse é muitas vezes referida como *garimpo* (*mining*). Uma das principais esperanças dos bioinformatas e biólogos moleculares sempre foi, tendo a sequência completa do DNA da espécie, tornarem-se capazes de fazer grandes descobertas dessa maneira, rodando programas de computador especializados em garimpar genes, sem precisar gastar meses ou anos em laboriosos experimentos bioquímicos.

Vários artigos publicados nas edições da segunda semana de fevereiro de 2001 dos periódicos *Nature* e *Science* se dedicavam a apresentar resultados preliminares dessa garimpagem com as sequências-rascunho recém-obtidas, e eles foram em certa medida decepcionantes. No caso da *Nature*, os nove artigos com tal propósito são sumarizados num décimo (Birney et al., 2001), que os qualifica como a um só tempo frustrantes e compensadores: o grupo que se dedicou a garimpar genes associados com moléculas envolvidas no trânsito de substâncias pelas membranas celulares encontrou alguns; já o que procurou uma classe importante de sinais celulares, as quinases dependentes de ciclinas, saiu de mãos abanando, sem encontrar nem um gene sequer que especificasse uma quinase que já não estivesse descrita na literatura; por fim, e mais importante, não foram tampouco encontrados genes novos relacionados com cânceres. Apesar disso, ao final do artigo reafirmam seu otimismo: "... há muitos tesouros não descobertos no presente conjunto de dados, esperando para serem encontrados por intuição, trabalho duro e verificação experimental. Boa sorte, e feliz caçada!" (Birney et al., 2001, p.828).

Uma das razões para essa frustração está sem dúvida no equacionamento historicamente feito por geneticistas entre *função biológica* e *especificação de proteína(s)*, raiz da própria noção de *código genético*. Até hoje é comum encontrar definições simplificadas de gene como um trecho de DNA que *codifica* uma proteína, o que há muito já deixou de fazer sentido pleno, pois há décadas se sabe que o DNA genômico também especifica, por exemplo, numerosas sequências de RNA que nunca serão traduzidas na língua das proteínas. Ora, uma das coisas que o sequenciamento do genoma evidencia é que muito da complexidade dos vertebrados parece decorrer mais da sofisticação de um aparelho de *regulação* do genoma; a mera comparação das sequências-rascunho com as de outras espécies revela por exemplo que eles se diferenciam de genomas mais "primitivos", por exemplo, pela presença de *íntrons* (sequências de DNA que não especificam aminoácidos para compor proteínas e que se intrometem entre os trechos especificadores, ditos *éxons*) muito mais longos, o que faz supor que eles tenham alguma função, sim, só que ainda não compreendida, possivelmente relacionada com a regulação da expressão gênica.

Esse processo de localização, delimitação e associação funcional de genes é conhecimento como *anotação* do genoma. O que fica evidente da publicação das sequências-rascunho em 2001, e mesmo da sequência final em 2003, é que ainda não chegou a era da biologia teórica, virtual, em que a pesquisa das variações funcionais – na saúde e na doença – se daria unicamente *in silico*. A anotação continua a depender do trabalho de laboratório para a validação de genes, que pode ter sido abreviada, mas nem por isso se tornou obsoleta; por outro lado, agora são dezenas de milhares de genes aguardando esse escrutínio. Computadores ainda não são capazes de separar, autônoma e confiavelmente, ganga e pirita de ouro verdadeiro. De volta à bancada, portanto:

> Embora essas buscas ressaltem o poder da nova informação genética, elas também revelam limitações importantes. Em particular, que a existência de uma seqüência gênica relacionada não significa que haja uma proteína correspondente: a sequência pode ser um pseudogene não expressado. ... Estudos de expressão [gênica] serão necessários para complementar a informação genômica. Um alerta final é que muitos dos fatores são componentes

de complexos com múltiplas subunidades. Às vezes o mesmo fator está presente em complexos múltiplos, cujas atividades diferem substancialmente. Portanto, o valor total da informação genômica só poderá ser realizado quando for acoplado com os estudos bioquímicos apropriados. (Tupler, Perini & Green, 2001, p.833)

Tais limitações são reconhecidas, de passagem, no próprio artigo do PGH na *Nature* (Lander et al., 2001, p.907 e 913). Outros autores também se sentem compelidos a ressaltar a impossibilidade de analisar o genoma unicamente com meios computacionais (Bork & Copley, 2001, p.819; Galas, 2001, p.1257 e 1259). Alguns chegam mesmo a esboçar alguma exasperação com o predomínio da díade sequenciamento e bioinformática, como Tom Pollard, em citação numa das reportagens da *Nature*, temendo que esse predomínio possa procrastinar o necessário trabalho "úmido" (de laboratório) sem o qual a biologia será incapaz de completar sua compreensão da fisiologia (Butler, 2001b, p.760). Raciocínio que Pollard repete em seu próprio artigo na mesma *Nature* (Pollard, 2001, p.843), no qual busca ir além da versão *Big Science* da biologia: "[A anotação] é um caso em que a ciência miúda renderá um produto melhor do que a abordagem industrial requerida para sequenciamento".

Não parece possível a esses pesquisadores, que têm suas carreiras inteiramente atreladas à genômica, ir muito além da constatação das limitações e de tentar compensá-las com profissões de fé no potencial ainda por explorar. Essa atitude ambígua se manifesta de modo agudo com a constrangedora baixa quantidade de genes encontrada no genoma (o qual, como já diz o nome, enseja uma empreitada para recensear... genes). Todos parecem surpresos com o fato de que as diferenças entre espécies não podem ser atribuídas somente aos genes, motivo e meta do PGH, assim como a doença e a variação individual tampouco podem ser sempre correlacionadas com mutações em regiões "codificantes" (Rubin, 2001, p.820; Peltonen & McKusick, 2001, p.1225).

A própria identificação e o mapeamento de SNPs (polimorfismos de nucleotídeo único, como é conhecida a variação de uma única base na sequência de DNA), grande esperança de aceleração na descoberta de variantes de genes associados com moléstias, representa na realidade uma sofisticação nas técnicas tradicionais de mapeamento e clonagem de genes, pouco acrescentando em matéria de explicação – são mais marcadores precisos do que sítios de identidade em sentido estrito, pois menos de 1% dos encontrados impacta a função de proteínas (Venter et al., 2001, p.1330). A única reação vigorosa ao aspecto "provocativo" do baixo número de genes, que chama de "aparente paradoxo do valor N", é a de Claverie (2001), para quem o problema está não em N (número de genes), mas em k (a complexidade biológica da espécie humana, a seu ver superestimada). Ele nega que apenas uma abordagem sistêmica seja capaz de revelar os segredos do genoma e renova sua fé na graça do reducionismo, argumentando que o DNA da espécie não é mais complexo do que um jato moderno, com suas 200 mil peças em interação (cujo comportamento nem por isso é descrito como não determinístico): "Dessa maneira, eu *acredito* que o uso de simples modelos regulatórios hierárquicos ... será mais uma vez suficiente para gerar rapidamente a maioria dos resultados significativos em genômica funcional" (Claverie, 2001, p.1256; grifo nosso).

Jean-Michel Claverie é uma voz isolada, porém. A maioria dos que escrevem nas duas edições "históricas" de *Nature* e *Science* parecem pressentir que há problemas à frente para essa estratégia de pesquisa, ainda que fiquem longe de desqualificá-la. Baltimore (2001, p.815), com a autoridade de quem foi um crítico precoce do PGH e na sua finalização se apresenta como um adepto sóbrio, resume bem essa duplicidade, afirmando que a análise pós-sequenciamento permite responder muitas questões globais, mas que os detalhes – enfim, o que importa, em qualquer pesquisa e sobretudo no PGH – continuam em aberto:

fica claro que não obtivemos nossa indubitável complexidade sobre vermes e plantas pelo uso de muito mais genes. Compreender o que de fato nos dá nossa complexidade – nosso enorme repertório comportamental, nossa capacidade de produzir ação consciente, nossa notável coordenação física (partilhada com outros vertebrados), nossas modificações finamente sintonizadas em resposta a variações externas do ambiente, nosso aprendizado, memória... preciso continuar? – permanece como um desafio para o futuro. (Baltimore, 2001, p.816)

Ocorre que a genômica não representa somente uma estratégia de pesquisa biológica, mas também um sistema tecnológico em formação, que começa a enfrentar dificuldades e resistências para além das instituições de pesquisa que lançaram suas sementes. Apesar de todo o entusiasmo dos investidores de risco com o binômio biotecnologia/bioinformática no auge da bolha da alta tecnologia, simultâneo à divulgação das duas sequências-rascunho do genoma humano, pelo menos dois artigos nas edições consideradas lançam alertas sobre dois pontos nevrálgicos: o problema da performance das *startups* de genômica (abordado na norte-americana *Science*) e o das patentes (na britânica *Nature*).

O alerta sobre o desempenho econômico parte de Malakoff & Service (2001) na seção noticiosa da *Science*. Eles abrem sua reportagem citando o anúncio das empresas Millennium e Bayer, em janeiro de 2001, com muita fanfarra, de um antitumoral que iniciaria testes clínicos de fase I (para verificar a segurança de um medicamento em poucas dezenas de voluntários, antes de estudos de eficácia e dosagem) apenas oito meses após a descoberta de um gene-alvo, com economia de cerca de dois anos sobre o processo habitual. As companhias apresentaram a nova droga como um "marco" da indústria. Os autores ressalvam que o anúncio da Millennium e da Bayer poderia mesmo ser um sinal de que a genômica começava enfim a cumprir suas promessas, mas recomendam cautela: "Essas alegações expansivas não são incomuns na indústria da biotecnologia, que por mais de uma década tem exagerado o potencial gerador de lucros do sequenciamento do genoma humano, apenas para ver muitas dessas alegações naufragarem num mar de tinta vermelha" (Malakoff & Service, 2001, p.1193).

Os autores discriminam três ramos principais de atividade: empresas produtoras de *ferramentas* (chips de DNA, sequenciadores); descobridoras de genes (*genômica*) e distribuidoras de *informação*; e desenvolvedoras de *medicamentos*. Na sua avaliação, as oportunidades de negócios, nessa fase de implantação do setor, se concentram no primeiro tipo de empresa. Quanto aos outros dois tipos, muitas delas formadas por pesquisadores no calor do entusiasmo pioneiro, o texto lança mão de uma apreciação cautelosa que se revelaria profética:

> as companhias ainda precisam mostrar que podem seguir adiante tão rapidamente, de maneira rotineira e sustentada. Mesmo assim, alguns observadores estão céticos quanto a agilidade precoce traduzir-se em ciclos substancialmente mais curtos de desenvolvimento de medicamentos, pois grandes atrasos com frequência ocorrem durante testes clínicos e no processo regulatório. (Ibidem, p.1203)

No início de 2002, Craig Venter deixou a presidência da Celera Genomics, que buscava reorientar-se para a área de desenvolvimento de medicamentos, diante da baixa rentabilidade do modelo informacional de negócios. No ano seguinte seria a vez de outro pesquisador-empresário, William Haseltine, da Human Genome Sciences, perder seu posto de direção. De acordo com Nightingale & Martin (2004), a propalada revolução biotecnológica da genômica não passa de um mito, pois os dados sobre inovações efetivamente obtidas por ela sugerem muito mais que esteja seguindo o conhecido ritmo incremental de substituição de tecnologias, que em geral nada tem de revolucionário:

O impacto limitado de biofármacos no sistema de saúde foi recentemente assinalado por Arundel e Mintzes, usando dados do sistema Prescrire, o qual (diferentemente dos dados da FDA) avalia o desempenho de novos medicamentos em relação a terapias preexistentes. Tais dados sugerem que, apesar dos gigantescos investimentos, apenas 16 biofármacos avaliados entre janeiro de 1986 e abril de 2004 foram considerados melhores do que "aperfeiçoamentos mínimos" diante de terapias preexistentes. Tomadas em seu conjunto, essas evidências empíricas não oferecem apoio algum para a noção de que tenha ocorrido uma revolução biotecnológica. (2004, p.566)

Até o presente, o sistema tecnológico da genômica tem somente dois grandes exemplos de medicamento desenvolvido com base nas informações obtidas do sequenciamento de genes: mesilato de imatinib (Gleevec, ou Glivec) e gefitinib (Iressa), ambos drogas anticâncer. É um padrão de desproporção entre expectativas e resultados que se repete no campo das biotecnologias, das vacinas antitumorais às geneterapias e, mais recentemente, células-tronco. Segundo Van Regenmortel (2004), a razão mais fundamental desses fracassos se encontra num excesso de confiança no poder explicativo de genes isolados, ou no que ele chama de *reducionismo* (e neste livro vem sendo tratado como *determinismo genético*), incapaz de apreender a complexidade das interações entre genes, proteínas e ambiente.

A questão das patentes, por sua vez, é tocada de passagem num *box* de reportagem no periódico *Science*, em que se chama a atenção para o fato de que uma das consequências do baixo número de genes "codificantes" no genoma humano será o acirramento das expectativas patentárias, pois a mesma legião de pesquisadores candidatos a capitalistas estará competindo pelos direitos de propriedade intelectual sobre um número menor de "bens" genômicos potencialmente correlacionáveis com funções biológicas – um pouco como os títulos de direitos de mineração se empilham sobre as mesmas áreas na Amazônia brasileira, analogia tanto mais justificada por estarem todos esses cientistas metidos, como garimpeiros de genes, numa verdadeira corrida pelo ouro genômico. Essa, aliás, é a primeira constatação do artigo de Bobrow & Thomas (2001, p.763) na *Nature*: a percepção pública de que a proteção patentária sobre sequências de DNA está cada vez mais remunerando a pura sorte – ou a velocidade[13] – e não tanto a inventividade. Eles também apontam a problemática da superposição de direitos sobre um mesmo trecho de DNA, que só é boa para a proliferação de processos e de escritórios de advocacia especializados, não para remunerar e assim incentivar, supostamente, o dispendioso desenvolvimento eficaz de medicamentos, argumento-padrão em favor da patenteabilidade dos genes. Eles alertam para a possibilidade de que o conflito latente entre o interesse geral da sociedade e o de pesquisadores-empresários acabe por macular a reputação do campo de pesquisa como um todo, o que tem potencial para ameaçar o apoio político e financeiro de que a genômica necessita para seguir adiante:

> Na ausência de ação legislativa séria, as políticas têm evoluído em certa medida por meio de um diálogo no seio de um círculo limitado de participantes. Interesses comerciais, que são bem representados nos escritórios de patentes, não têm sido contrabalançados por aqueles que representam os interesses mais amplos do público. O resultado tem sido uma tendência inata do sistema patentário para "deslizar" na direção de estender a patenteabilidade a invenções biotecnológicas para as quais os limiares de novidade, inventividade e utilidade foram rebaixados. (Bobrow & Thomas, 2001, p.763)

Tal ameaça aos interesses continuístas do sistema tecnogenômico não entrou somente no radar de profissionais do questionamento como Sandy Thomas, diretora do Nuffield Council on

---

13 "Speed matters" (velocidade é importante) era a divisa da empresa Celera.

Bioethics, do Reino Unido. No periódico *Science*, o tema é abordado, entre outros, por dois senadores norte-americanos, um republicano e outro democrata – como para demonstrar que o genoma humano (ou melhor, a genômica) está acima de preocupações terrenas, como a política partidária: "... o público precisa entender as *novas tecnologias*, de modo a que temores infundados não se desenvolvam e retardem o *progresso*" (Jeffords & Daschle, 2001, p.1251; ênfases minhas). As centenas de autores do artigo do PGH na *Nature* também sentiram a necessidade de incluir nele um reconhecimento de que se faz necessária uma readequação do seu campo de pesquisa no imaginário social: "Precisamos estimular expectativas realistas de que os benefícios mais importantes não serão colhidos da noite para o dia" (Lander et al., 2001, p.914).

Essa mesma preocupação reapareceria três anos depois na edição comemorativa dos cinquenta anos da dupla hélice do periódico *Nature*, em longo artigo sobre o futuro da genômica. A percepção de que a distância entre promessas e realizações pode se virar contra a boa imagem da genômica aparece de forma oblíqua sob a rubrica da educação do público:

> Adentramos uma singular "era educável" em relação à genômica; profissionais de saúde e o público estão crescentemente interessados em aprender sobre genômica, mas a sua aplicação generalizada à saúde ainda está vários anos à frente. Para que o cuidado à saúde baseado em genômica tenha o máximo de eficácia, quando for amplamente factível, e para que os membros da sociedade tomem as melhores decisões sobre os usos da genômica, precisamos tirar proveito agora dessa oportunidade única de aumentar o entendimento. (Collins et al., 2003a, p.841)

Genomas para tudo

O texto de Collins et al. (2003a) publicado no periódico *Nature* na época da verdadeira finalização do genoma (abril de

2003), quando este deixa de ser um mero rascunho, é uma peça muito clara em seu objetivo de intervenção na esfera pública tecnocientífica com o propósito de justificar a biologia *Big Science* e de manter e ampliar a hegemonia genômica em pesquisa biológica (aí incluídos derivados como proteômica, transcriptômica, regulômica, metabolômica, epigenômica e outros termos que possam surgir nessa algo cômica proliferação de neologismos). Propósitos similares inspiram texto correlato editado então no concorrente *Science*, de autoria dos líderes das três principais entidades promotoras do PGH (Institutos Nacionais de Saúde e Departamento de Energia, nos Estados Unidos, e o Wellcome Trust, no Reino Unido), respectivamente: o próprio Francis Collins, Aristides Patrinos e Michael Morgan. Apesar do determinismo genético algo mitigado – fala-se em sequências genômicas que "guiam" e "influenciam" desenvolvimento e função biológicos (Collins et al. 2003a, p.835 e 844), não em *causas* de doenças genéticas –, o vocabulário de ambos os textos permanece hiperbólico como nos idos de 2001: *revolução, nova era, aventura, visionários, escala monumental, benefícios eternos, desafio científico entusiasmante* etc. Com todas as referências de praxe ao papel da interação com o ambiente e à complexidade inerente ao genoma, o que interessa é assegurar o fluxo de verbas, para que a promessa possa um dia ser cumprida:

> Os milhões de pessoas em todo o mundo que apoiaram nossa aventura para sequenciar o genoma humano o fizeram na expectativa de que ele beneficiaria a humanidade. Agora, na alvorada da era genômica, torna-se crítico carrear a mesma intensidade para a derivação de benefícios do genoma que tem caracterizado o esforço histórico para obter a sequência. *Se o apoio à pesquisa prosseguir em níveis vigorosos*, nós *imaginamos* que a ciência genômica *logo* começará a revelar os mistérios dos fatores hereditários da doença cardíaca, do câncer, do diabetes, da esquizofrenia e de uma série de outras condições. (Collins et al., 2003b, p.290; grifos nossos)

Em 2003, no entanto, a conjuntura mundial é bem outra, após a eleição de George W. Bush, o 11 de Setembro, a Guerra do Afeganistão e o início da Guerra do Iraque. Desaparecem, por exemplo, as muitas referências ao PGH como esforço internacional. O Reino Unido, de sua parte, busca capitalizar ao máximo, nas comemorações oficiais do cinquentenário da dupla hélice de Watson e Crick, o fato de sua modelagem ter acontecido no laboratório Cavendish da Universidade de Cambridge. O único resquício daquele internacionalismo anti-Celera é o artigo conjunto dos próceres do PGH no periódico *Science*, mas uma leitura mais atenta indica que os textos mais relevantes para o futuro da genômica, nas duas edições de abril de 2003, são o de Collins e seus colegas do Instituto Nacional de Pesquisa do Genoma Humano (NHGRI) dos Estados Unidos em *Nature*, e o de cinco autores do Departamento de Energia (DOE) em *Science* (Frazier et al., 2003). O panorama que sobressai é o de uma espécie de Tratado de Tordesilhas genômico, uma redivisão dos territórios de pesquisa e sequenciamento entre NHGRI (*grosso modo*, saúde humana e genômica comparada de espécies animais) e DOE (genômica voltada para ambiente e energia, com foco em microrganismos e plantas).

Com uma capacidade instalada de sequenciamento para empreender solitariamente a soletração de 15 a 20 genomas do porte do humano em cinco anos (Collins et al., 2003a, p.844), o NHGRI adquiriu *momento* tecnológico suficiente para passar a concorrer com seus antigos parceiros estrangeiros, em particular com os britânicos (Sanger Centre/Wellcome Trust). Em novembro de 2003, anunciou que investiria US$ 459 milhões, de 2004 a 2006, em cinco complexos sequenciadores para soletrar os genes de uma quantidade de espécies equivalente a 18 genomas humanos (NHGRI, 2003). Seus luminares traçam um plano continuísta para o futuro em que a metáfora do Livro da Vida é substituída, implicitamente, pela de um Edifício da Vida, em que o PGH é rebaixado à condição de mero alicerce para erguer três andares sucessivos: Genômica para a Biologia, Genômica para a Saúde e Genômica para a Sociedade (Collins et al., 2003a, p.836). Primeiro piso, Biologia: o objetivo é entender a arquitetura do próprio genoma, compilando um catálogo de todos os seus elementos funcionais (e não somente genes no sentido "codificante"). Segundo piso, Saúde: aplicar as informações estruturais do genoma na caracterização de doenças, de modo que lhes dê uma nova taxonomia (molecular), assim como desenvolva novas abordagens terapêuticas.[14] Terceiro piso, Sociedade: projetar conhecimentos genômicos para além do contexto clínico, extraindo conclusões nos campos racial, étnico e comportamental e debatendo as consequências e limites éticos desses usos.

No desvão deste último andar (Genômica para a Sociedade) ouvem-se até ecos do controverso programa sociobiológico de Edward O. Wilson, em meados dos anos 1970, de fundamentar as humanidades na biologia e nos invariantes do comportamento humano fixados pela evolução, programa este retomado triunfalmente, décadas depois, no não menos polêmico livro *Consiliência* (Wilson, 1999). Afirmam Collins et al. (2003a, p.843) que a nova disciplina tem potencial para fazer a ciência social avançar:

---

14 Em setembro de 2006, um trio de artigos publicados nos periódicos *Science* e *Cancer Cell* apresentou ao público mais um megaprojeto do sistema biotecnológico, o Mapa da Conectividade (http://www.broad.mit.edu/cmap), um banco de dados para correlacionar perfis de expressão de genes em células com mais de 160 drogas, na fase piloto, e a partir disso comparar e predizer interações moleculares que possam indicar novos compostos terapêuticos (Lamb et al., 2006). "Expandir este mapa inicial para abranger todos os aspectos da biologia humana forneceria uma valiosa fonte pública para a comunidade científica. Um tal esforço seria comparável ao sequenciamento do genoma humano, tanto em seu escopo quanto em seu potencial para acelerar o ritmo da pesquisa biomédica", afirmou então um dos autores, Eric Lander, em comunicado à imprensa do Broad Institute of MIT and Harvard http://wwweurekalert.org/emb_releases/2006-09/biom-gc092206.php.

... a genômica pode também contribuir para outros aspectos da sociedade. Assim como o PGH e desenvolvimentos relacionados semearam novas áreas de pesquisa em biologia básica e saúde, também criaram oportunidades para pesquisa sobre questões sociais, mesmo no que abarca a compreensão mais completa de como definimos a nós mesmos e aos outros.

Não por acaso, o programa apresentado pelos autores do DOE em *Science* vem batizado como *Genomas Para a Vida* (Frazier et al., 2003, p.290), como se fosse um quarto andar no edifício do NH-GRI, ou quem sabe um prédio vizinho. O projeto aqui é estender as malhas da genômica a dois campos cruciais para a sustentabilidade da economia em sua relação com a natureza, energia de fontes limpas e saneamento ambiental, com o sequenciamento de plantas e até de comunidades inteiras de microrganismos, na esperança de garimpar neles soluções bioquímicas ancestrais para o enfrentamento de condições ambientais extremas: "Um objetivo central deste programa é entender tão bem micróbios e comunidades de micróbios, assim como suas máquinas moleculares e controles no plano molecular, que possamos usá-los para satisfazer *necessidades nacionais* e do DOE" (Frazier et al., 2003, p.291; grifo nosso). Em lugar de um patrimônio comum da humanidade (a informação contida no genoma humano) e um imperativo moral (sequenciar o genoma para curar doenças e reparar a injustiça genética de que falavam Watson e Dulbecco), a biologia *Big Science* começa a transferir-se para o domínio da justificação com base em um conjunto de valores mais em voga no pós-11 de Setembro – a segurança nacional dos Estados Unidos: "Conhecimento é poder, e nós precisamos desenvolver uma compreensão ampla dos sistemas biológicos, se pretendermos usar suas capacidades eficazmente para enfrentar desafios sociais tremendos" (Frazier et al., 2003, p.293).

Os novos aliados do DOE são os antigos "inimigos", Craig Venter e seus colaboradores da Celera, abrigados agora no Instituto para Alternativas Biológicas de Energia,[15] fundado pelo egresso da presidência da Celera com finalidade não por coincidência próxima do programa Genomas Para a Vida, como se pode ler em seu sítio de internet:

> O Instituto para Alternativas Biológicas de Energia (IBEA) é uma instituição baseada em pesquisa dedicada a explorar soluções para o sequestro de carbono usando micróbios, vias metabólicas de micróbios e plantas. Por exemplo, a genômica pode ser aplicada para aperfeiçoar a capacidade de comunidades microbianas terrestres e oceânicas de remover carbono da atmosfera. O IBEA vai desenvolver e usar vias e metabolismo microbianos para produzir combustíveis com conteúdo energético aumentado de uma maneira ambientalmente saudável. O IBEA vai empreender engenharia genômica para entender melhor a evolução da vida celular e como esses componentes da célula funcionam conjuntamente num sistema vivo.

Um dos primeiros resultados dessa parceria IBEA/DOE foi anunciado em abril de 2004: o sequenciamento simultâneo dos genomas de todos os microrganismos encontrados numa amostra de água do Mar dos Sargaços, número estimado em pelo menos 1.800 espécies (mínimo de 148 desconhecidas), genomas entre os quais a equipe liderada pelo IBEA garimpou mais de 1,2 milhão de genes inéditos para a biologia molecular, identificados com base unicamente em análise *in silico* (Venter et al., 2004, p.66), dos quais nada menos que 782 provavelmente envolvidos na especificação de proteínas fotorreceptoras e, portanto, no aproveitamento da luz solar.

Tanto para a saúde humana quanto para a do ambiente planetário, teve início, sim, uma nova era – a da genômica por atacado. Em setembro de 2006, um pesquisador do Broad Institute of MIT and Harvard estimava que genomas de 400 espécies já haviam sido completados e anotados (um processo mais labo-

---

[15] http://www.bioenergyalts.org/

rioso que o arrastão cibernético no Mar dos Sargaços) e outros 1.600 se encontravam em andamento (Rokas, 2006, p.1897). Pelo menos três grupos de pesquisa competem para finalizar um mapa completo das centenas de milhares de interações entre proteínas humanas, vale dizer, dos produtos de seus genes, mapa esse apelidado de *interatoma*, como já se fez com o verme *Caenorhabditis elegans* – mas ainda há ceticismo, como havia na década de 1970 a respeito do genoma, quanto à exequibilidade e à utilidade da empreitada (McCook, 2005). Resta saber se, a exemplo das dificuldades do PGH, esse sistema tecnológico em expansão vai entregar tudo o que promete, ou se as novas expectativas criadas não equivalem a uma fuga para a frente, uma amplificação da retórica maximalista que sempre serviu, e bem, à marcha da biologia molecular em busca de hegemonia.

Cinco anos após a edição do artigo com a sequência do genoma do PGH no periódico *Nature*, Francis Collins voltaria ao tema na mesma publicação, mas em tom bem menos triunfal. O título ("O patrimônio da humanidade") e o parágrafo de abertura do comentário assinado pelo diretor do NHGRI, que cita a Declaração Universal sobre o Genoma Humano e Direitos Humanos da Unesco,[16] ainda guardam algo das hipérboles passadas, mas a partir da terceira página o texto esboça um movimento de autocrítica sobre os exageros veiculados na época da finalização da sequência-rascunho:

> Na véspera do anúncio no ano 2000 de um rascunho da sequência do genoma humano, expectativas infladas na comunidade financeira pareciam apoiar-se na presunção de que ter a sequência humana em mãos levaria imediatamente a produtos poderosos e lucros maciços. Aqueles de nós envolvidos na ciência genômica estávamos atordoados: embora convencidos de que essa informa-

---

[16] Artigo 1º: "O genoma humano constitui a base da unidade fundamental de todos os membros da família humana bem como de sua inerente dignidade e diversidade. Num sentido simbólico, é o patrimônio da humanidade".

ção levaria em algum ponto a uma transformação da prática da medicina, estávamos também dolorosamente conscientes dos muitos passos necessários para traduzir tal informação básica em benefícios clínicos. Esses argumentos sóbrios não prevaleceram, entretanto. (Collins, 2006, p.11-2)

A julgar pelo novo artigo de Collins, não foram só os jornalistas que entenderam tudo errado, mas até os investidores de Wall Street, que ganham a vida tentando não cometer erros de avaliação desse tipo. Na realidade, não se trata de uma autocrítica sincera sobre o papel dos pesquisadores na propagação das maravilhas genético-deterministas, mas sim de uma renovação dos votos e de um mal disfarçado pedido de paciência – e fundos de pesquisa – para que se aguarde mais alguns anos ou décadas para que a genômica, enfim, cumpra sua promessa de revolucionar a biomedicina:

> A terapêutica também será profundamente afetada: espera-se que a capacidade de identificar e validar alvos medicamentosos pelo estudo da genética humana, que já provou ser uma abordagem poderosa para o tratamento do câncer com o desenvolvimento de remédios como o mesilato de imatinib (Gleevec) e gefitinib (Iressa), alcance um novo nível de realidade para muitas outras doenças comuns, em poucos anos. No entanto, não devemos repetir o erro que alguns cometeram em 2000: esses passos de tradução exigirão uma substancial quantidade de tempo e serão particularmente desafiadores, já que orçamentos de pesquisa se encontram sob estresse crescente. (Ibidem, p.12)

Ao menos o diretor do NHGRI admite que houve exageros, na repercussão do sequenciamento do genoma humano, e se sente obrigado a tratar deles. Apenas para dizer, contudo, que fazem parte do processo natural de aceitação de uma nova tecnologia, que ele resume num gráfico esquemático (ver Figura 3) e numa suposta Primeira Lei da Tecnologia: a promessa de uma nova abordagem normalmente é superestimada no curto prazo e subestimada no longo prazo. Embora seu gráfico sugira que a performance futura se aproximará do que foi projetado na fase dos exageros, Collins não dá – não pode dar – outra garantia além de sua palavra de que isso vá de fato ocorrer.

Figura 3 – Reproduzido de: Collins (2006, p.12).

A biologia molecular e a genômica, em particular, representam o ápice da extensão ao domínio da biologia da *estratégia materialista* e da *valorização moderna do controle* de que fala Hugh Lacey (1998; 1999) e que antes fora tão bem-sucedida nos campos da física e da química, por exemplo. Diferentemente destas, porém, não se pode dizer que a estratégia materialista em genômica tenha engendrado propriamente teorias e leis cuja aceitação e legitimação pudessem alimentar pretensões de universalidade, pois essa é mais a expectativa dos biólogos moleculares em relação a essa nova disciplina de investigação: que o acúmulo de informações genômicas de várias espécies e o aperfeiçoamento dos métodos matemático-computacionais de análise acabem por conduzir à formalização de leis biológicas propriamente ditas e com base nelas à capacidade de predição com precisão – e portanto de controle sobre sistemas naturais vivos. O determinismo genético que inspira aberta ou implicitamente muitos de seus esforços, por exemplo, não chega a erigir-se em teoria; quando muito, pode ser encarado como um hábito ou esquema de pensamento que pode ter sido heurístico, em outros tempos, mas que tem uma longa e controversa história – basta dizer que um de seus arrimos, a noção de fluxo unidirecional de informação no sentido *DNA* → *RNA* → *proteína*, recebeu de seu próprio criador, Francis Crick, o apelido de Dogma Central da biologia molecular (como que a marcar a distância em que se encontrava de uma verdadeira lei natural).

O que foi exposto anteriormente deve bastar para deixar evidente o quanto a genômica se encontra longe de tornar-se uma teoria e quanto o corpo de seus escritos explicativos extrapola a prosa científica estrita para enveredar num discurso de tipo misto, que cumpre a dupla função de apresentar resultados parciais de esforços de pesquisa bilionários e de justificar sua existência com base em benefícios futuros. Como não pode – *ainda*, dirão seus defensores – apoiar-se firmemente em resultados de sua aplicação, pois eles são muito incipientes (ao menos na comparação com as promessas hiperbólicas), o discurso sobre/a favor da genômica tende a recorrer à construção de uma espécie de mitologia molecular em que a própria genealogia do campo é reconstruída como uma história de proporções épicas, ao longo do percurso *Mendel* → *Watson e Crick* → *Cohen e Boyer* → *PGH e Celera*. Como não podem falar a partir da superioridade conferida pela universalidade das leis e corroborada pelo binômio aplicabilidade/controle, *ainda*, seus pesquisadores se encastelam numa espécie de elevação moral e ética, a partir da qual lançam *razzias* punitivas contra aqueles – biólogos ou não – que apontam problemas na estratégia materialista e/ou na valorização do controle, quando aplicadas a sistemas vivos, uma classe de objetos que parece particularmente resistente a essa abordagem (o que não quer dizer que sejam por princípio refratários a ela).

Os textos de pesquisadores próximos do PGH, por exemplo, manifestam o propósito claro de monopolizar esse bastião de superioridade ética e dele expulsar aqueles que na sua ótica aparecem como aventureiros argentários, da estirpe de Craig Venter, retratando-se a si mesmos como cavaleiros do Graal da biologia em defesa de sua preservação para o bem da humanidade, ou seja, a publicação imediata das sequências de DNA obtidas para que possam ser utilizadas por pesquisadores de qualquer parte do mundo (e inimigos portanto da noção proprietária de conhecimento que inspirou a formação da empresa Celera). Essa é evidentemente uma visão simplista dos interesses envolvidos, pois a teia de relações que entrelaça pesquisa financiada com recursos públicos, patentes e empresas privadas tem vários pontos de contato com centros e pesquisadores também do PGH, como lembra Eliot Marshall (2001, p.1191) num texto noticioso de *Science*: cientistas do Instituto Whitehead, então um dos cinco maiores centros de sequenciamento do PGH, participavam, por exemplo, de um consórcio com as empresas Affymetrix, Bristol-Myers Squibb e Millennium para empacotar informação genômica em chips de DNA. A parceria pós-PGH firmada pelo Departamento de Energia com o IBEA de Craig Venter, e ainda por cima para garimpar genes de imediato interesse industrial, demonstra que não são nada claras as linhas divisórias entre forças "do bem" e "do mal", nesse campo.

Um dos mais destacados militantes da propaganda genômica é sem dúvida James Watson, e deveria ser motivo de preocupação para os biólogos moleculares que ele seja sua figura mais reconhecida e ouvida, que, como autor de divulgação científica, busca empregar todos os canais disponíveis para propagar a mensagem pró-genômica e, no seu caso, também pró-determinista. Se é verdade que as edições de *Nature* e *Science* examinadas acima não contêm nem um texto sequer de sua lavra, também é fato que há escritos seus para todos os gostos e propósitos: livro-texto (*Molecular Biology of the Gene*), autobiografias (*The Double Helix* e *Genes, Girls, and Gamow*), coletâneas de ensaios (*A Passion for DNA*), livros de divulgação científica (*DNA – The Secret of Life*), sítios na internet (www.dnai.org) e DVD para uso no ensino secundário (*DNA – The Secret of Life*). Em seus escritos, que por sua natureza e público dispensam muitas amarras do discurso científico nos periódicos especializados, Watson pode permitir-se uma latitude de retórica inadmissível na prosa técnica. Em sua expansividade, e apesar de deplorar a mistura de ideologia com ciência (Watson & Berry, 2003, p.372), o "estadista" da biologia molecular eleva a mescla não reconhecida de valores cognitivos com valores sociais a um patamar inédito, no qual o genoma se torna artigo de fé, o Livro da Vida que substituiria, com vantagem, a Bíblia e a Torá:

> Aqueles de nós que não sentem necessidade de um código moral anotado nalgum tomo antigo podem lançar mão, na minha opinião, de uma intuição moral inata, há muito moldada pela seleção natural, que promoveu a coesão social em grupos de nossos antepassados. ... Poderia acontecer de, à medida que o conhecimento genético crescer nos séculos vindouros, com mais e mais indivíduos alcançando o entendimento de si mesmos como produtos de lances aleatórios de dados ..., vir a ser santificada uma nova gnose, muito mais antiga, na realidade, do que as religiões de hoje. Nosso DNA, o livro de instruções da criação humana, pode bem vir a rivalizar com escrituras religiosas como o guardião da verdade. (Watson & Berry, 2003, p.404)

O corolário de ser esse livro sagrado mero fruto do acaso é que tal religião se revelaria também uma religião pragmático-libertária, que teve seu primeiro advento na descoberta da dupla hélice (1953, com Watson e Crick) e o segundo na invenção dos meios para decifrá-la e modificá-la (1973, com Cohen e Boyer), quando os homens de ciência passam a comungar na graça do *controle*:

> Chegara o tempo de tornar-se pró-ativo. Bastava de observações: nós estávamos sendo chamados pela perspectiva da intervenção, da manipulação de coisas vivas. O advento das tecnologias de DNA recombinante, e com elas da capacidade de talhar moléculas de DNA, tornaria tudo isso possível. (Watson & Berry, 2003, p.85)

Retorno à sobriedade

Bastaram três anos e oito meses, contudo, para que o tom triunfal das metáforas e hipérboles do PGH fosse quase inteiramente abandonado, com a publicação da sequência finalizada do genoma humano no periódico *Nature* (Lander et al., 2004) em 21 de outubro de 2004 – o quarto e último anúncio do genoma, depois da cerimônia de junho de 2000 na Casa Branca, dos artigos de fevereiro de 2001 com as chamadas sequências-rascunho do PGH e da Celera em *Nature* e *Science* e dos textos comemorativos do cinquentenário do DNA nos mesmos periódicos em abril de 2003. No artigo científico de apenas 14 páginas, contra as 61 do precursor de 2001, desaparecem o tom épico, as citações de T. S. Eliot, as hipérboles e as referências ao Livro da Vida e à Tabela Periódica. O determinismo genético ainda comparece como pano de fundo, mas em formulações bem mais sóbrias, como nesta frase de abertura do texto: "A sequência do genoma humano codifica as instruções genéticas da fisiologia humana, assim como informação abundante sobre a evolução humana". Em lugar de início de uma Nova Era ou de uma revolução, aqui e agora, a rolagem da promessa tornada dívida, e ainda assim com enorme taxa de desconto retórico, para um futuro indeterminado e distante: "A sequência do genoma humano aqui relatada deve servir como fundação sólida para a pesquisa biomédica nas próximas décadas". Sobre os resultados práticos de quatro anos de estudos com base no genoma, nenhuma menção a câncer ou doenças neurodegenerativas – apenas modéstia, quase silêncio: "[O] conhecimento sistemático do genoma humano possibilitou novas ferramentas e abordagens que aceleraram marcadamente a pesquisa biomédica" (International Human Genome Sequencing Consortium, 2004, p.931).

Em verdade, o artigo de 2004 constitui uma longa errata do texto de 2001. A começar pelo número estimado de genes especificadores de proteínas da espécie humana, rebaixados da faixa de 30.000-40.000 para a de 20.000-25.000 (o que já dá uma ideia da precisão dos métodos de análise *in silico*), o texto se dedica a descrever tecnicamente as correções e refinamentos agregados à 35ª versão da sequência do genoma humano produzida pelo PGH e concluída em abril/maio de 2004. Com ela se alcançou cobertura de 99% da parte do genoma onde ficam os genes (eucromatina), ou 2,85 bilhões de pares de bases ordenados contiguamente e interrompidos por "apenas 341 lacunas" (na versão de 2001, eram ainda 147.821).

Em que pese a sobriedade e o reconhecimento das deficiências do genoma soletrado, com 1% da sequência desconhecida e talvez incognoscível, o artigo de 2004 apresenta uma recaída na adjetivação carregada, na sua conclusão, ao advogar a continuidade do sistema tecnológico por meio de três linhas de catalogação sistemática complementar (de polimorfismos em associação com moléstias, de elementos funcionais do genoma e de módulos gene-proteína):

> Mais genericamente, o PGH demonstra o tremendo valor potencial de projetos coordenados para criar recursos comunitários para impulsionar a pesquisa biomédica. ... A completude absoluta será fugidia, como no PGH, mas obter a maioria substancial da informação acelerará fortemente o ritmo da pesquisa biomédica em milhares de laboratórios. (International Human Genome Sequencing Consortium, 2004, p.944-5)

Como que para demonstrar que o discurso científico sobre a genômica é dual, oscilando entre a sobriedade técnica e a retórica justificadora do sistema tecnológico, apenas cinco meses antes no mesmo periódico *Nature* um artigo intitulado "Genomas para a medicina" retomava o amálgama de entusiasmo, autoelogio e determinismo dos idos de 2001:

> O resultado bem-sucedido [genoma sequenciado] representa uma realização notável propiciada por *cooperação internacional, excelência científica e altruísmo*. ... A chave do sucesso dessa empreitada está na *natureza fundamental da própria informação*. Nenhum outro projeto poderia produzir um único conjunto de dados que abar-

casse a base genética de ser humano. Numa maré alta de otimismo, princípios similares foram estendidos a outros genomas, com o resultado de que hoje temos uma *fundação sem rival* para a pesquisa biológica no futuro. ... É uma *revolução no conhecimento* que promete mudar nossa maneira de pensar. (Bentley, 2004, p.440, grifos nossos)

Assim se manifestou David Bentley, do Wellcome Trust Sanger Institute, contraparte britânica do NHGRI no PGH, no artigo de abertura de um dossiê de 42 páginas sobre genômica e medicina compilado por *Nature* em maio de 2004, com patrocínio do conglomerado farmacêutico GlaxoSmithKline. Disposto a reescrever o *script* da história imaginária que leva de Mendel a Watson e Crick e ao genoma humano, o biólogo molecular convertido em propagandista transfigura o que era ignorância na década de 1990 (localização dos genes no mar de DNA-tranqueira do genoma) em presciência:

> A prudência de sequenciar um genoma completo (em lugar de catalogar todos os RNAs mensageiros disponíveis) veio ao reconhecer que o genoma é mais do que um feixe de genes: a organização de genes no contexto da informação circundante no resto do DNA poderia ser importante. ... Uma enorme quantidade de informação funcionalmente importante está sendo encontrada agora, em acréscimo às sequências codificadoras de proteínas. ... Dado que toda essa informação está na sequência, é importante não deixar passar nada. ... A informação armazenada nela é digital e pode assim ser decodificada inequivocamente. (Bentley, 2004, p.440)

Como se vê, não foi apenas o número de genes que terminou rebaixado. O próprio conceito de informação genética parece já distanciado da noção forte de *programa* ou *código* e mais próximo do senso comum, no sentido de *dados*. Em lugar de revelar o Livro da Vida para revolucionar a biomedicina, contentemo-nos doravante com acumular dados para fazê-la avançar – ou como progredir da hipérbole para a tautologia, em apenas quatro anos, sem comprometer a hegemonia da biologia molecular.

2
Outras biologias: sistemas de desenvolvimento

A culminação do programa genético-determinista representada pelo anúncio em fevereiro de 2001 dos dois trabalhos científicos com as sequências-rascunho do genoma humano nos periódicos *Nature* e *Science* comportou também um aspecto anticlimático. Na imprensa especializada como na leiga, o tom de surpresa decepcionada gravitou em torno do reduzido número total de genes (unidades transcricionais) identificados e estimados na análise das duas sequências do genoma humano, 30.000-40.000, no caso do Consórcio Internacional de Sequenciamento do Genoma Humano (Lander et al., 2001, p.900), e 26.000-38.000, no caso da iniciativa liderada pela empresa Celera Genomics; o número anteriormente aceito era da ordem de 100.000, com estimativas variando de 50.000 a mais de 140.000 (Venter et al., 2001, p.1305 e 1346).[1] Por essa visão anterior, haveria um gene

---

[1] A disparidade de cerca de 25% entre as cifras estimadas para o total de "genes" humanos, nos dois trabalhos experimentalmente mais próximos do que se supõe seja a realidade física do genoma, já permite vislumbrar o grau de incerteza envolvido nessas análises.

para cada proteína no repertório molecular da espécie humana. Com seu patrimônio genético reduzido a modestos um terço ou um quarto da variedade antes projetada, os seres humanos viram encurtar-se drasticamente a distância informacional que deveria separá-los de espécies muito menos complexas, como a mosca *Drosophila melanogaster*, com seus prováveis 13.000 genes, e o verme *Caenorhabditis elegans*, com 19.000.[2]

A data desse rebaixamento genético do *Homo sapiens sapiens* foi comemorada por críticos precoces do Projeto Genoma, como Stephen Jay Gould, como "um grande dia na história da ciência e do entendimento humano em geral". Num artigo para a página de Opinião do jornal *The New York Times*, o paleontólogo, ensaísta e teórico da evolução de Harvard qualificou a descoberta como uma oportunidade para a sociedade libertar-se do determinismo genético:

> A complexidade humana não pode ser gerada por 30.000 genes sob a antiga visão da vida corporificada no que geneticistas literalmente chamaram (aparentemente com algum senso de excentricidade) de seu "dogma central": o DNA fabrica RNA, que fabrica proteína – em outras palavras, uma direção [única] de fluxo causal do código para a mensagem e para a montagem da substância, com um item de código (um gene) fabricando no final um item de substância (uma proteína), e carradas de proteínas fabricando um corpo. Essas 142.000 mensagens [proteínas] existem sem dúvida, como é necessário para que construam a complexidade de nossos corpos, o que termina expondo como nosso erro anterior a suposição de que cada mensagem vinha de um gene distinto. (Gould, 2001)

Mais surpreendente, porém, foi ver interpretação semelhante ser lançada na arena pública também por uma celebridade científica das fileiras genômicas, J. Craig Venter, o então presidente da Celera Genomics. Por ocasião da publicação do artigo com a

---

[2] *Science*, n.5507, v.291, p.1178 (tabela "Sequenced organisms").

sequência-rascunho obtida sob sua liderança, o periódico *Science* distribuiu a jornalistas especializados um *press-release* com observações do pesquisador-empresário sobre o "marco da ciência" erigido por ele e 283 coautores:

> O pequeno número de genes – 30.000, em vez de 140.000 – apoia a noção de que nós não somos circuitos pré-impressos [*hard wired*]. Agora sabemos que é falsa a noção de que um gene leva a uma proteína e talvez a uma moléstia. Um gene leva a muitos produtos diferentes e esses produtos – proteínas – podem mudar dramaticamente depois de serem produzidos. Sabemos que regiões do genoma que não constituem genes podem ser a chave para a complexidade que enxergamos em seres humanos. Agora sabemos que o ambiente, ao agir sobre esses passos biológicos, pode ser a chave para fazer de nós o que somos. (The Sequence, 2001)

Com efeito, como disse Venter no mesmo comunicado, a compreensão do genoma vinha mudando muito nos pouco mais de sete meses transcorridos desde que ele e Francis Collins haviam anunciado a conclusão da montagem da sequência--rascunho na companhia de Bill Clinton e Tony Blair, em junho de 2000. Na realidade, essa transformação conceitual já ocorria havia alguns anos, no cotidiano dos laboratórios de genômica, tal como pode ser inferido da publicação de um artigo no mesmo periódico *Science*, mais de dois anos antes, em que um biólogo molecular já registrava publicamente – ao menos para seus pares – que "as realidades da organização do genoma são muito mais complexas do que é possível acomodar no conceito clássico de gene" (Gelbart, 1998, p.660). Dois anos depois, mas ainda antes da célebre cerimônia com Clinton e Blair, Gelbart assinaria, com 54 de seus pares, outro artigo em *Science* no qual se retirava o seguinte ensinamento da comparação dos genomas então concluídos de eucariotos (organismos cujas células têm núcleos definidos): "A lição é que a complexidade aparente nos metazoários [*no caso a mosca* D. melanogaster *e o verme* C. elegans] não é engendrada pelo simples número de genes" (Rubin et al., 2000, p.2214).

Desde então, só fez esfarelar-se a pedra angular do ultrapassado determinismo genético – a saber, a correspondência um gene/uma proteína/uma característica fenotípica (como determinada doença), que no entanto prossegue como a representação usual do mecanismo genético. O fator mais corrosivo do conceito tradicional de gene reside sem dúvida na recém-descoberta amplitude do fenômeno biomolecular conhecido como "processamento alternativo" (*alternative splicing*). Depois de formado a partir de uma sequência de DNA no núcleo, o transcrito primário de RNA é submetido à excisão de trechos (correspondentes ao que se chama de *íntrons*) que não especificam a sequência de aminoácidos da proteína em produção e, em seguida, à reunião contígua de trechos especificadores, correspondentes aos *éxons*. A exclusão de íntrons e a junção de éxons constitui o fenômeno de processamento (*splicing*), que não resulta sempre no mesmo produto: dependendo de condições observadas no estado da célula, ou mesmo do tipo de célula em que ocorre a síntese da proteína em questão, a emenda pode omitir e rearranjar trechos especificadores (éxons), resultando em proteínas diversificadas (ditas "isoformas"). Um exemplo célebre do potencial de variação oferecido por esse mecanismo de regulação celular – incorporado até mesmo nos livros-texto para estudantes de biologia molecular e celular – é o do transcrito *slo*, que especifica ligeiras mudanças na estrutura de canais de íons em neurônios ciliados do ouvido interno de vertebrados e, com isso, torna essas células seletivamente sensíveis a frequências determinadas de som na faixa de 50 Hz a 5.000 Hz: com base em oito posições no RNA mensageiro (mRNA) em que éxons alternativos podem ser usados, o processamento permite até 576 variantes (isoformas) da proteína que compõe o canal de íons, muito embora não haja comprovação experimental de que todas as isoformas são efetivamente expressadas (Lodish et al., 1999, p.426). O próprio artigo do Consórcio Internacional na *Nature* anunciando a sequência-rascunho do genoma alertava para a possibilidade de que nada menos que a metade dos genes humanos seja afetada pelo processamento alternativo (Lander et al., 2001, p.914).

Após a publicação das sequências-rascunho do genoma humano, a tentativa de compreender esses mecanismos não determinísticos de produção de variação molecular desencadeou uma atividade frenética de pesquisa. Participaram da análise e da interpretação das sequências de DNA grupos de pesquisa do mundo todo, inclusive do Brasil – no caso, a rede de cientistas reunidos no Genoma do Câncer, projeto financiado pela Fapesp (Fundação de Amparo à Pesquisa do Estado de São Paulo) e pelo Ludwig Institute for Cancer Research. Essa rede participou do esforço de inventariar os genes contidos no genoma humano com uma metodologia original, o processo Orestes, por meio da qual até outubro de 2001 havia depositado 700.000 sequências de transcritos (genes e pedaços de genes, ou candidatos a tanto) em bancos de dados internacionais, como o GenBank (Camargo et al., 2001, p.12103). Nesse mesmo artigo, destacado na capa do periódico *Proceedings of the National Academy of Sciences* dos Estados Unidos, a centena de autores do grupo brasileiro, afirma: "Depois da geração da sequência-rascunho do genoma humano, a prioridade agora é definir todos os genes humanos e seus transcritos correspondentes. Está claro agora que só a sequência do genoma não é suficiente para permitir isso" (Camargo et al., 2001, p.12107). No comentário que acompanha o artigo brasileiro, dois cientistas do National Cancer Institute dos Estados Unidos concedem que "o número de genes é apenas um mecanismo para criar a diversidade genética requerida para codificar o conjunto completo de proteínas humanas" (Strausberg & Riggins, 2001, p.11837). E dão mais um exemplo eloquente da ação do processamento alternativo, que é capaz de produzir nada menos do que 14 versões a partir do gene BRCA1, um dos mais estudados entre os que podem tornar-se ativos no fenótipo do câncer de mama (Strausberg & Riggins, 2001, p.11838).

É fácil de entender, com base nessas constatações da não linearidade da relação gene/proteína/traço fenotípico, o júbilo manifestado por outros adversários precoces do Projeto Genoma Humano (PGH), como Barry Commoner, diretor do Projeto Genética Crítica no Queens College da City University of New York. Em um artigo polêmico para a revista não especializada *Harper's Magazine*, o cientista denuncia os "fundamentos espúrios da engenharia genética" e o colapso das teorias por trás do PGH "sob o peso dos fatos", vale dizer, diante da descoberta de que o número reduzido de genes humanos seria incapaz de dar conta da complexidade manifestada na espécie. Commoner retoma a formulação do Dogma Central proposta por Francis Crick em um trabalho clássico[3] de 1958 (citado por Commoner, 2002, p.41) – "uma vez que a informação [*sequencial*] tenha passado para a proteína, não pode retornar" – e toma ao pé da letra o zelo e as entonações escriturais do codescobridor da estrutura do DNA: "Para enfatizar a importância desse tabu genético, Crick apostou nele o futuro de todo o empreendimento, asseverando que 'a descoberta de apenas um tipo de célula nos dias de hoje' no qual informação genética tenha passado da proteína para o ácido nucleico ou de proteína para proteína 'abalaria toda a base intelectual da biologia molecular' " (Commoner, 2002, p.47).

Pode-se, é evidente, discutir indefinidamente se o processamento alternativo implica reversão do fluxo unidirecional de informação, *DNA à RNA à proteína* (unidirecionalidade que já havia sido posta em causa pela descoberta da enzima transcriptase reversa, em 1970, por David Baltimore e, independentemente, Howard Temin); em sentido literal, parece manifesto que isso não ocorre, ao menos não neste caso (a sequência de DNA permanece inalterada; o que varia é seu *produto*, ou seja, a sequência de aminoácidos na proteína sintetizada a partir do trecho de

---

[3] CRICK, Francis H. C. On Protein Synthesis. *Symposium of the Society for Experimental Biology* XII, New York: Academic Press, 1958, p.153.

DNA em questão); esse é o argumento de Morange (2001, p.167). Também se pode ponderar – como fez Maynard Smith (2000, p.43) – que não há proteínas ou RNAs, na espécie humana ou em qualquer outra, que não tenham sido em algum momento especificados por uma sequência de ácido nucleico. De todo modo, o fato é que, se se admite que a definição de gene é de cunho deterministicamente *funcional* (ou seja, dependente daquilo que seu conteúdo informacional especifica e apenas disso), como fica manifesto no Dogma Central, o DNA perde o monopólio da informação necessária para o funcionamento da célula, uma vez que o *resultado* – a composição, a forma e portanto a função das proteínas que o põem em marcha – também é coinfluenciado por eventos e sinais citoplasmáticos, extranucleares, independentes do DNA cromossômico e representados por outras proteínas e vários tipos de RNA que interagem intensamente no citoplasma e no núcleo, cuja teia de inter-relações caracteriza o estado informacional da célula como um todo. O esquema *informação codificada* à *tradução* à *mensagem* já não dá conta da complexidade da síntese de proteínas, que de resto nem é iniciada pelo DNA, mas por cascatas de sinais provenientes do citoplasma e, em última análise, desencadeadas pelo ambiente da própria célula, seja ele representado por outras células com as quais mantém contato, físico ou por hormônios produzidos em outros tecidos e infiltrados naquele ao qual pertence, ou mesmo pelo meio externo em que vive o organismo.

A mais importante conclusão a ser extraída da literatura científica publicada em periódicos como *Nature*, *Science* ou *Proceedings of the National Academy of Sciences (PNAS)* é esta: insatisfação e mal-estar com a estreiteza unidimensional da noção de gene, não apenas entre críticos contumazes do determinismo, mas também entre os próprios pesquisadores engajados no programa experimental genômico, diante da crescente complexidade do genoma observada na prática dos laboratórios, ou deduzida por meio de análises *in silico* (nas imensas bases de dados que reúnem informação genômica), uma forma de pesquisa por simulação que cresce em popularidade entre biólogos. Uma reportagem recente no periódico *Nature* narra que 25 cientistas do ramo se digladiaram por dois dias inteiros para chegar a uma definição consensual de gene: "Uma região localizável da sequência genômica correspondente a uma unidade hereditária, que esteja associada com regiões regulatórias, regiões transcritas e/ou outras regiões funcionais" (Pearson, 2005, p.401). Além do *processamento alternativo* do RNA, avoluma-se a lista dos fenômenos celulares que tornam cada vez menos plausível a causalidade genética simples, unidirecional, do tipo um gene/um traço fenotípico. Eis uma relação não exaustiva – uma vez que a toda hora surgem novas revelações sobre a complexidade da utilização do genoma por organismos – de atividades e interações no interior da célula que extravasam os limites estreitos do determinismo genético:

- **Silenciamento de genes/interferência de RNA** – Mecanismo de reconhecimento de sequências homólogas, que se acredita útil para proteger o genoma de formas parasíticas de ácidos nucleicos (indutoras de sua própria duplicação, como no caso de organismos patógenos invasores). Aparentemente, fitas duplas de RNA são muito eficazes para reprimir a expressão de sequências correspondentes de DNA no cromossomo – uma indicação, segundo disse ao periódico *Science* Craig Mello,[4] do University of Massachusetts Cancer Center, de que o RNA está falando de volta ao DNA, um desafio claro ao Dogma Central de Crick; "tal fluxo retrógrado de informação seria realmente notável" (Marx, 2000, p.1372).
- **Estampagem (*imprinting*)** – Cada um dos cromossomos que compõe um genoma é dotado de um sistema de mar-

---

[4] Ganhador do prêmio Nobel em Medicina ou Fisiologia de 2006, com Andrew Fire, justamente pela descoberta do fenômeno *interferência de RNA*.

cas químicas (como a adição local de um grupo metila, ou metilação) que indica quais genes estão ativos em cada célula deste ou daquele tecido (pois, embora todas contenham o mesmo genoma, produzem apenas algumas proteínas especificadas naquele enorme repertório). Nos mamíferos, parte dessas marcas constitui um enigmático sistema chamado de "estampagem" (*imprinting*), que é totalmente apagado e reconstituído durante a formação de gametas, de modo que o zigoto formado da união do óvulo e do espermatozoide recebe um padrão específico de marcas maternas e paternas sem o qual é incapaz de se desenvolver num embrião viável; cerca de 50 genes estampados já foram identificados em mamíferos (Surani, 2002, p.492), pois são essas marcas que indicam se a cópia materna ou paterna do gene em questão é que deve ser usada em determinado passo do desenvolvimento (o DNA paterno parece ser fundamental para a constituição normal da placenta, por exemplo). O que equivale a dizer que somente a informação genética (aquela contida na sequência de DNA) não é suficiente para o desenvolvimento de um organismo, cuja "receita" está portanto ao menos parcialmente contida também em informação herdada "epigeneticamente".[5]

---

5 Segundo Lederberg (2001), o termo "epigenética" foi cunhado em 1942 por Conrad H. Waddington para designar o estudo dos processos pelos quais o genótipo dá origem ao fenótipo, em oposição a "genética" e ainda sem a conotação bioquímica que viria a adquirir nos anos 1990 (algo como "mecanismos de herança que não estão baseados em diferenças na sequência de DNA"). Bem mais antigo é o termo "epigênese", empregado por Harvey em 1651 para designar o processo de formação de novo no embrião, que não teria portanto todas as suas partes pré-formadas (Pinto-Correia, 1999, p.27). Emprega-se aqui o termo no sentido que parece ser consensual, hoje: origem de regularidades no processo de desenvolvimento, ou mesmo de características fenotípicas, que não podem ser atribuídas diretamente à informação contida na sequência de DNA e pressupõem a intervenção de fatores complementares.

- **Código histônico** – Mesmo no organismo adulto, as marcas superpostas ao genoma se revelam cada vez mais fundamentais para a expressão dos genes e para seu silenciamento. O foco de atenção da pesquisa recai sobre as histonas, espécie de carretel molecular em torno do qual se enrola a fita dupla do DNA para formar a ultracompactada cromatina nos cromossomos dos organismos eucariotos, que podem ser modificadas por vários tipos de marcas além da metilação (acetilação, fosforilação, ubiquitinação). Aparentemente, a ativação e o silenciamento de genes requerem múltiplas modificações das histonas, as quais criariam superfícies para ligação preferencial de fatores de transcrição envolvidos na expressão gênica e seriam por isso fator crucial da regulação do genoma (Berger, 2001, p.65). Esses padrões de modificação de histonas que começam a ser identificados já servem de base à noção de que constituem na realidade um complexo código paralelo (Strahl & Allis, 2000), ainda por decifrar, em que a combinação desses processos químicos dotaria a cromatina de marcas especificadoras das condições em que aquele trecho de DNA poderia ser lido e expressado na síntese da proteína correspondente. Segundo Mathers (2005, p.7), "evidências emergentes sugerem que essa 'decoração' de histonas é a base de um código de histonas que amplia consideravelmente o potencial de informação do código genético (DNA)". Mais ainda: "Embora esses estados epigenéticos possam ser estavelmente herdados de uma geração de células para a próxima, por meio de mitose, está se tornando manifesto que modificações de histonas podem ser um 'sensor' do estado metabólico da célula" (Mathers, 2005, p.7-8). Problemas com esses sensores estariam na origem do envelhecimento e de muitas moléstias, além de serem sensíveis a alterações de dieta, embora ainda não se conheçam os mecanismos bem o bastante para daí derivar recomendações terapêuticas.

- **Pseudogenes, fusão de genes transcritos etc.** – O genoma humano está coalhado de sequências que testemunham um processo dinâmico de evolução, como as duplicações promovidas – entre outras maneiras – por RNAs transcritos (retrotransposições), que podem gerar tanto novos genes (chamados de *intronless paralogs*, ou parálogos sem íntrons) quanto trechos inativos (pseudogenes). No sequenciamento do genoma capitaneado pela empresa Celera, foram catalogados nada menos do que 1.077 blocos duplicados de DNA, com sequências de cerca de 3.522 genes, cada bloco contendo de três a pelo menos cinco dessas sequências funcionais (Venter et al., 2001, p.1323 e 1329). Estudos publicados até o final de 2004 indicavam a existência de pelo menos 20.000 pseudogenes identificados (International Human Genome Sequencing Consortium, 2004, p.943), provavelmente uma quantidade subestimada. A análise exaustiva de sequências transcritas, como no projeto Enciclopédia de Elementos de DNA (Encode), tem revelado que um trecho de DNA antes identificado como gene pode ser lido e mobilizado de múltiplas maneiras, não só por obra do processamento alternativo, mas até por meio da fusão de transcritos de dois "genes" separados por centenas de milhares de bases; também já se conhecem casos de genes regulados por sequências localizados em outro cromossomo (Pearson, 2005, p.399-400). "Quando começamos o projeto Encode eu tinha uma visão diferente do que era um gene. O grau de complexidade que deparamos não foi previsto", disse ao periódico *Nature* Roderic Guigo, do Centro de Regulação Genômica de Barcelona. "Genes discretos começam a se desfazer. Temos um contínuo de transcritos" (Pearson, 2005, p.399-400). Phillip Kapranov, da empresa californiana de chips de DNA Affymetrix, segue no mesmo diapasão: "Tem algo de revolucionário. Chegamos à percepção de que o genoma está repleto de transcritos superpostos" (Pearson, 2005, p.399).

- **Elementos não codificantes ultraconservados** – Funções antes insuspeitadas de trechos de DNA não diretamente envolvidos na especificação de aminoácidos componentes de proteínas vêm sendo descobertas, com frequência, nos anos subsequentes à publicação das sequências-rascunho em 2001 (Nóbrega et al., 2003; Bejerano et al., 2004; Bejerano et al., 2006). Sequências antes computadas na rubrica de DNA-tranqueira (*junk DNA*) passaram a ser investigadas com mais detalhe depois que a genômica comparada de várias espécies revelou um alto grau de conservação, indicativo de seleção positiva (taxa de mutação inferior ao que seria esperável, inversamente proporcional à importância do trecho de DNA para a sobrevivência). Um levantamento sistemático (Bejerano et al., 2004) localizou 481 segmentos com mais de duzentos pares de bases absolutamente coincidentes nos genomas do homem, do rato e do camundongo. Em alguns deles foi possível comprovar função regulatória (Nóbrega et al., 2003), moduladora da expressão de genes localizados a grande distância genômica. Noutros casos, verificou-se que elementos móveis presentes há milhões de anos no genoma de vertebrados foram remobilizados para compor novos genes especificadores de proteínas (Bejerano et al., 2006), um processo conhecido como *exaptação*, que solapa ainda mais a linearidade de noções como a de *código* e *programa*.
- **Enovelamento de proteínas** – O conceito informacional, pré-formacionista e determinista de gene reza que este definiria cabalmente a sequência de aminoácidos da proteína que especifica e, com ela, sua estrutura tridimensional – sua função, portanto (pois a estrutura define com quais outras proteínas e compostos será capaz de reagir, ligar-se etc.). Ocorre que, apesar de o chamado "estado nativo" de uma proteína (sua forma final, após o *enovelamento*, ou "folding", em inglês) ter relação com a sequência de aminoácidos que a compõem, os cientistas que se dedicam às especialidades

emergentes da genômica estrutural e da proteômica ainda estão longe de conseguir desvendar, modelar ou formular matematicamente as regras que presidem a conformação de uma na outra, uma vez que sua meta é ser capaz de predizer a função de uma proteína com base unicamente na sequência de DNA do gene correspondente. No meio celular, esse enovelamento nada tem de automático, sendo dependente de condições químicas e da atuação de um complexo de moléculas acompanhantes (chaperoninas) ainda mal-compreendido. Além disso, a função final da proteína sintetizada depende ainda de modificações químicas e processamento estrutural, como o corte de blocos inteiros de aminoácidos (Lodish et al., 1999, p.64); em outras palavras, aqui também a relação linear de causação entre gene e proteína não se sustenta.

- **Edição de transcritos** – Após o processamento alternativo de éxons, ou seja, da montagem da sequência de bases ("letras") especificadora da ordem dos aminoácidos na proteína, o RNA transcrito pode ainda sofrer pequenas modificações por moléculas presentes no citoplasma da célula, por exemplo a troca de uma de suas bases antes da síntese protéica – processo descoberto em meados dos anos 1980 e batizado como *edição* ("editing", em inglês) que afeta a sequência da proteína, fazendo que divirja do "código" contido no DNA (ibidem, p.437).
- **Proteínas poligênicas** – De certa maneira, o oposto do processamento alternativo (um gene traduzido em diversas variantes da proteína). Neste caso, descobriu-se que tipos variantes da mesma proteína (isoformas) podem originar-se de pontos separados do genoma, até mesmo de cromossomos diferentes. Foi por exemplo o que encontraram pesquisadores alemães ao comparar proteínas produzidas nos cérebros de duas espécies de camundongos (*Mus musculus* e *Mus spretus*):

Nossos achados mostram ... que diferentes tipos da mesma proteína podem ser mapeados em diferentes *loci* do genoma. Consequentemente, mesmo uma única proteína pode ser considerada como um traço poligênico. (Klose et al., 2002, p.2)

Recapitulando:[6] o conceito de genoma que emerge dos laboratórios de sequenciamento de DNA e das bases de dados em que avança a modalidade de investigação *in silico* é o de uma entidade complexa, sujeita a uma miríade de relações, influências e interações com sinais vindos do citoplasma e, em última instância, do ambiente da célula, entre as quais se incluem indicações hereditárias não-transmitidas por ácidos nucleicos acerca de padrões conservados de expressão gênica. Como dizia Lewontin (2000a, p.152) já no início da década de 1990,[7] "uma razão profunda para a dificuldade de delinear informação causal de mensagens de DNA é que as mesmas 'palavras' têm diferentes sentidos em diferentes contextos, e múltiplas funções num contexto dado, como em qualquer linguagem complexa". Keller (2002), por outro lado, defende que a tendência é de dissociação entre os aspectos funcional e hereditário da noção de gene: "[O gene funcional] não pode mais ser tomado como idêntico à unidade de transmissão, isto é, à unidade responsável pela ... memória intergeracional" (Keller, 2002, p.83), isto porque somente uma sequência de bases nitrogenadas é herdada por in-

---

6 Outros autores que trataram do estatuto ambíguo da noção de "gene" apresentaram outras listas de incompatibilidades: Sarkar (1999, p.157-8) contempla o chamado *junk-DNA*, molduras móveis, edição de transcritos, repetições de sequências codificadoras ou regulatórias e códons não-universais; Neumann-Held (2001, p.69) destaca estampagem, moldura móvel, processamento alternativo e edição de transcritos; Morange (2001, p.25-8) lista genes reguladores, íntrons e éxons, processamento alternativo, moldura móvel, rearranjo genômico em células do sistema imune e edição de transcritos; Keller (2001, p.299) relaciona mecanismos de reparo e edição de DNA, interações epigenéticas regulando a transcrição e processamento/edição de transcritos.
7 O ensaio em questão, The dream of the human genome, foi originalmente publicado no jornal *The New York Review of Books*, em 28.5.1992.

termédio do DNA, matéria-prima crucial e indispensável, por certo, mas insuficiente para especificar inteiramente a função:

> A função do gene estrutural depende não somente da sua sequência, mas também de seu contexto genético, da estrutura do cromossoma no qual ele está inserido (e que é ela própria sujeita à regulação desenvolvimental), e de seu contexto citoplasmático e nuclear. (Keller, 2002, p.84)

Epigenética vs. determinismo

Não são porém apenas os críticos habituais do determinismo genético que lhe apontam as limitações, mas os próprios titulares e/ou herdeiros desse programa experimental, que visualizam seu futuro como uma espécie de superação, mais até do que sua mera extensão como genômica estrutural ou proteômica, e essa superação parece gravitar em torno de dois conceitos: *desenvolvimento*, ou seja, o processo complexo pelo qual um organismo multicelular alcança tamanho e forma madura, e *epigenética*, isto é, o conjunto de interações entre genes e outros fatores que influenciam a conformação do fenótipo e que não podem ser diretamente atribuídos a sequências genéticas particulares. "A epigenética representa uma nova fronteira na pesquisa genética. Com o término dos projetos de sequenciamento do genoma, será um grande desafio entender a função e a regulação gênicas. Alcançar essa meta vai requerer determinar como controles epigenéticos são impostos aos genes", escrevem Wolffe & Matzke (1999, p.485). Ainda mais enfáticas foram declarações dadas no congresso de 2002 da American Association for Cancer Research por Rudolf Jaenisch, do Whitehead Institute/MIT, criador do primeiro camundongo transgênico:

> A última década foi a década da genômica ..., mas eu prediria que a próxima década será a década da epigenética. ... O campo

está realmente explodindo. Quando se pensa nas implicações médicas da genômica, podem-se fazer varreduras do genoma inteiro. Está virando rotina, agora. Não se pode fazer isso com a epigenética. Não se pode medir a modificação do DNA por metilação; é muito diferente, e penso que é um aspecto muito crucial da medicina e da doença. ... Considero que o meio pelo qual o ambiente interage com o genoma é via modificação epigenética do genoma. [*Para a*] metilação, temos evidência concreta de que isso ocorre [*em resposta a fatores ambientais*]. O ponto que estou tentando defender é que, se quisermos entender a causa real da doença e só olharmos para os genes ou para as mutações de genes, penso que só estaremos considerando metade da história. Podemos fazer isso muito eficientemente – mas temos de considerar a outra metade. (Tuma, 2002)

E pensar que o campo em expansão da epigenética até há bem pouco tempo era considerado "ciência não muito séria" e tinha "um certo cheiro de coisa esquisita", como disse ao periódico *Science* Wolf Reik, do Babraham Institute, no Reino Unido (Pennisi, 2001b, p.1064). Por formação profissional, contudo, os cientistas estão obrigados a se render aos dados, e neste caso os dados indicam o papel crucial de fenômenos epigenéticos no fracasso (presente) e no sucesso (potencial) de alguns dos investimentos mais promissores da tecnobiologia. Por exemplo, a reprogramação imperfeita da estampagem (*imprinting*) parece estar na raiz da alta ineficiência da produção de clones animais por transferência nuclear (Jaenisch & Wilmut, 2001; Rideout III et al., 2001; Fairburn et al., 2002), tecnologia tida como fundamental para produzir rebanhos uniformes de animais transgênicos eficientes na secreção de proteínas de interesse terapêutico (biorreatores). A possibilidade de manipular (apagar ou reformular) as marcas epigenéticas também é crucial para usufruir da pluripotência de células-tronco (Surani, 2001), ou seja, da sua capacidade de se transformarem em vários outros tipos de células do corpo, uma propriedade cobiçada porque pode um dia auxiliar no desenvolvimento de terapias celulares para doenças degenerativas, como o mal de Parkinson. Por fim, mecanismos epigenéticos são decisivos para a engenharia genética em geral, pois a simples introdução de sequências de DNA no genoma de um organismo pode se revelar inoperante se interações DNA-DNA e RNA-RNA conduzirem ao silenciamento dos genes enxertados (Wolffe & Matzke, 1999), como já se assinalou anteriormente.

Em poucas palavras, a epigenética se impôs a partir das próprias bancadas e dos próprios computadores dos laboratórios, e não da cabeça de críticos externos ao campo genômico – o que só faz aumentar a pertinência das críticas precoces, que agora se revelam também premonitórias. Pode-se tentar compatibilizar a epigenética redescoberta com a noção tradicionalmente determinista de gene, que não chega a compor uma teoria em sentido pleno, sendo mais um esquema de pensamento prático-operacional mobilizado no cotidiano dos biólogos moleculares, entre si e no discurso que dirigem à esfera pública, e que vem sendo paulatinamente acumulado com camadas subsequentes de significados, à medida que a pesquisa biológica experimental vai descobrindo novos estratos de complexidade. O esforço de compatibilização, contudo, pode redundar em formulações contraditórias como a oferecida por Emma Whitelaw, da University of Sydney, ao periódico *Science*: "A unidade de hereditariedade, isto é, um gene, [*agora*] se estende para além da sequência [*de DNA*], até as modificações epigenéticas dessa sequência" (Pennisi, 2001b, p.1064). Tantas já eram as dificuldades e aporias suscitadas pela manutenção dessa nomenclatura do gene que Brosius & Gould (1992) chegaram a propor todo um novo vocabulário para substituí-lo, com a finalidade de nomear mais precisamente cada estrutura identificável de ácido nucleico, DNA ou RNA; o nome geral proposto para essas estruturas foi "núon" e se aplicaria a gene, região intergênica, éxon, íntron, promotor, terminador, pseudogene, transposon, retrotransposon, telômero etc., e um promotor seria rebatizado como "promonúon", e assim por diante (a proposta, como já previam seus autores, foi sumariamente ignorada).

Tomada pela crescente complexidade de interações bioquímicas que deveriam reduzir-se a elegantes formulações matemáticas, mas se revelam refratárias a isso, a biologia molecular pós-genômica se parece mais com o disco de Phaestos (um conjunto de sinais ainda indecifrado da ilha de Creta) do que com a pedra de Rosetta (Gelbart, 1998, p.659). E, se fosse para insistir na metáfora do genoma como um manual de instruções para construir um ser humano, pode-se dizer que permanecia válida na publicação das sequências-rascunho em 2001 a descrição feita pelo autor mais de dois anos antes:

> uma avaliação atual razoável é que temos um conhecimento parcial, mas ainda bem incompleto, sobre como identificar e ler certos substantivos (as estruturas dos polipeptídeos nascentes e éxons codificadores de proteínas nos mRNAs). Nossa capacidade de identificar os verbos e adjetivos e outros componentes das sentenças genômicas (por exemplo, os elementos reguladores que impulsionam padrões de expressão ou elementos estruturais no interior de cromossomos) é quase imperceptível, de tão baixa. Além disso, não entendemos nada da gramática – como ler uma sentença, como alinhavar as sentenças num todo que forme parágrafos sensatos descrevendo como construir proteínas multicomponentes e outros complexos, como elaborar vias fisiológicas e desenvolvimentais, e assim por diante. (Ibidem, p.659)

Bem mais severo é o recente julgamento emitido por Richard Strohman (2002, p.703), que enxerga uma crise em gestação na biotecnologia médica, justamente pela insistência "num paradigma científico que omite em grande medida o componente de sistemas dinâmicos":

> A biologia celular e molecular, em conjunção com novos desenvolvimentos teóricos, levou-nos na última década de uma visão sumariamente ingênua de determinismo genético (segundo o qual características complexas são causadas por um único gene) para a rude realidade de que quase todas as moléstias humanas

são entidades complexas dependentes de contextos, para as quais nossos genes fazem uma contribuição necessária, mas apenas parcial. Biólogos moleculares redescobriram a profunda complexidade da relação genótipo-fenótipo, mas são incapazes de explicá-la: algo está faltando. (Ibidem, p.701)

Logo adiante, o pesquisador da University of California/Berkeley indica que a saída está na chamada "biologia de sistemas":

> A biologia molecular, ao identificar níveis de controle, concentrou-se sobre os "lances" dos genes e das proteínas, mas ignorou amplamente a estratégia empregada pelas redes dinâmicas de proteínas que geram o fenótipo do genótipo. É disso que se trata na biologia de sistemas, de encontrar a estratégia empregada por células e nos níveis superiores de organização (tecido, órgão, o organismo todo) para produzir comportamento adaptativo ordenado em face de condições genéticas e ambientais em ampla variação. No centro desse esforço está a necessidade de compreender a relação formal entre genes e proteínas como agentes e a dinâmica dos sistemas complexos dos quais são compostos. Muito esforço tem sido despendido em tentativas de predizer o fenótipo, primeiramente de bases de dados genômicos e, depois, de proteômicos. Mas essas bases de dados não contêm informação suficiente para especificar o comportamento de um sistema complexo. (Ibidem, p.701)

Tal ponto de vista é corroborado por Marc Van Regenmortel, da École Supérieure de Biotechnologie de Strasbourg, que preconiza o abandono progressivo do determinismo genético (que ele qualifica como *reducionismo*), mas não em favor de um holismo extremo e metodologicamente inviável:

> O que se necessita são novas técnicas experimentais para investigar a complexidade única de sistemas biológicos que resulta da estonteante diversidade de interações e redes regulatórias. Desenvolvimentos recentes em *microarrays* de alta performance, nanotecnologias, bioinformática e biologia de sistemas estão fornecendo os dados que os biólogos moleculares necessitam para

simular o comportamento de redes e sistemas biológicos complexos. (Van Regenmortel, 2004, p.1019)

Com a autoridade de quem, assim como James Watson, testemunhou perante o Congresso norte-americano em favor do financiamento do PGH, em meados dos anos 1980, Paul H. Silverman vai além de Van Regenmortel ao afirmar que, mais do que novas técnicas experimentais, é de um novo modelo de funcionamento celular que a biologia carece, com espaço para incertezas e indeterminação. "Precisamos ... repensar nossas crenças longamente alimentadas", escreveu na revista *The Scientist*. "Uma reavaliação da doutrina do determinismo genético, acoplada com uma nova mentalidade de biologia de sistemas, poderia ajudar a consolidar e clarificar os dados na escala do genoma, capacitando-nos a finalmente colher as recompensas dos projetos de sequenciamento do genoma" (Silverman, 2004, p.32).

Da crítica da sociobiologia ao PGH

O círculo, aparentemente, começa a se fechar, porque esse tipo de inquietação intramuros (no campo da biologia molecular) com a genômica realmente existente se aproxima da visão advogada – desde um ponto de vista mais teórico, ainda que motivado por visões e valores divergentes sobre a vida e a biologia – por tradicionais críticos externos do determinismo genético, antes vozes isoladas no panorama acadêmico dominado pela fortuna da tecnobiologia, que ora tentam reverter a razão que o tempo lhes trouxe em ímpeto para compor enfim um campo alternativo reconhecido, provisoriamente designado como "teoria de sistemas desenvolvimentais" (*developmental systems theory*, ou DST). É oportuno aqui reconstituir um pouco da história recente dessa perspectiva teórica, que teve origem nos embates sobre a sociobiologia.

O cerne da razão sociobiológica é a suposição de que os comportamentos humanos encontrem sua explicação profunda na biologia (seleção natural) e, portanto, tenham fundamento genético. Embora o termo em si tenha surgido somente em 1975, com a publicação de um livro controverso de Edward O. Wilson, *Sociobiology: The new synthesis* (Sociobiologia: a nova síntese), como programa intelectual sua história se confunde com a da eugenia e dos estudos sobre a hereditariedade da inteligência. Nas duas ou três primeiras décadas após a Segunda Guerra Mundial, ainda sob o impacto das atrocidades nazistas e em meio a um clima de reconstrução, essa perspectiva permaneceu eclipsada e prevaleceu o otimismo ambiental, "nurturista", segundo o qual tudo poderia ser inventado no domínio da cultura, *nurture* tinha precedência óbvia sobre *nature* e se inaugurava uma "era da psicologia" (Keller, 1993, p.285), mas sementes poderosas haviam sido lançadas e permaneciam dormentes no solo. Desde a década de 1930, por exemplo, a Rockefeller Foundation patrocinava sob a rubrica "Ciência do Homem" uma linha de pesquisa, no estilo do que viria a se chamar de biologia molecular, voltada para o estudo do comportamento e para seu controle (Kay, 2000, p.45).

No campo teórico, a chamada Síntese Moderna da doutrina da evolução, que compatibilizara a partir dos anos 1930 as perspectivas de Darwin, da sistemática e da nascente genética, viveu no pós-guerra o processo que Gould (2002, p.70) qualificou como "endurecimento", em que um pluralismo inicial de mecanismos de mudança foi substituído pela exclusividade da seleção natural e pela crescente importância dos cenários "adaptacionistas": características herdadas – aí incluídos os comportamentos – seriam transmitidas entre gerações porque foram selecionadas e, consequentemente, possuem valor adaptativo. Como a transmissão se faz por meio de genes, a conclusão era que não poderia haver genes neutros, sem função ou valor adaptativo, e que é exclusivamente sobre eles que age a seleção natural (Moore, 2002, p.184).

A sociobiologia de Wilson compõe um tipo peculiar de determinismo biológico, pois não chega a ser experimental e nem mesmo genético (Sarkar, 1999, p.191n); pressupõe que tanto os universais do comportamento ("natureza humana") quanto suas variações e desvios individuais tenham substrato em genes, mas não se propõe a identificar as correspondentes sequências de DNA ou trechos de cromossomos equivalentes, contentando-se com combinar observações selecionadas de etologia e antropologia com engenhosas hipóteses sobre o conteúdo adaptativo de tipos comportamentais no passado remoto da espécie, do altruísmo à divisão sexual do trabalho. Do outro lado do Atlântico, a obra inaugural da sociobiologia foi *The Selfish Gene* (O gene egoísta), de Richard Dawkins, que, mesmo sem deixar o campo especulativo característico da doutrina sociobiológica, chega mais perto do determinismo genético propriamente dito. Afinal, poucas obras foram tão enfáticas ao conferir um papel de primazia para o DNA nos labores da evolução, alçando os genes à condição de protagonistas (na condição de *replicators*) e rebaixando organismos à de meros veículos (*interactors*) para a multiplicação daqueles.

Contra essa voga de naturalização do comportamento insurgiram-se no mundo acadêmico anglo-saxão os integrantes do "movimento da ciência radical", como Richard C. Lewontin, Hilary Rose, Steven Rose e Leo Kamin. Segundo Rose (1998, p.viii), a sociobiologia de Wilson e o ultradarwinismo de Dawkins representavam uma reação conservadora aos movimentos e conquistas sociais dos anos 1960, e o combate movido contra ela em escritos dos anos 1980 foi sobretudo de cunho político. Num dos primeiros textos de uma série que prosseguiria ainda por duas décadas, Lewontin (2000a, p.4) já denunciava em 1981 o determinismo biológico como *ideologia*, segundo a qual "as diferenças patentes entre indivíduos, sexos, grupos étnicos e raças no tocante a *status*, riqueza e poder são baseadas em diferenças biológicas inatas em temperamento e capacidade, que são passadas de pais para filhos na concepção". O esforço de denúncia ganharia notoriedade com um volume coletivo de 1984, *Not in our Genes:*

Biology, Ideology, and Human Nature (Lewontin, Rose & Kamin, 1985) (Não em nossos genes: biologia, ideologia e natureza humana). Num registro entre a sociologia e a filosofia política da ciência, os autores vão buscar as raízes do que chamam indistintamente de reducionismo e de determinismo no individualismo burguês, mais precisamente na concepção hobbesiana de luta de todos contra todos. Em outro texto, de 1994, Lewontin (2000a, p.190-1) diz que o Iluminismo é a matriz da ideia de que as propriedades do indivíduo humano, e só elas, determinam as relações sociais, noção que segundo ele estaria na base de toda a teoria social moderna. A operação básica denunciada corresponderia à camuflagem tipicamente ideológica de causas sociais sob a roupagem de causas naturais: "Para entender a origem e a manutenção das estruturas sociais, precisamos, por essa visão, entender a ontogenia de indivíduos. Assim, a economia política se torna biologia aplicada" (ibidem, p.192).

Mais do que um simples uso ideológico da biologia pela teoria social conservadora, Lewontin, Rose & Kamin (1985, p.5-6) enxergam uma identidade epistemológica profunda entre elas, fundada sobre a noção de reducionismo: "a suposição de que as unidades composicionais de um todo são ontologicamente anteriores ao todo que as unidades compreendem. Ou seja, as unidades e suas propriedades existem *antes* do todo, e há uma cadeia de causação que vai das unidades para o todo". O determinismo biológico, por sua vez, seria um caso especial de reducionismo:

> as vidas e ações humanas são consequências inevitáveis das propriedades bioquímicas das células que compõem o indivíduo; e essas características, por seu turno, são determinadas de modo único pelos constituintes dos genes presentes em cada indivíduo. Os deterministas sustentam, portanto, que a natureza humana está fixada pelos nossos genes. (Lewontin, Rose & Kamin, 1985, p.6)

Não é somente por seu emprego político-ideológico que o determinismo deve ser combatido, defendem os três autores, mas também porque é biologicamente errado. E o equívoco do determinismo, do ponto de vista científico, decorreria nessa visão de ele ser pouco *dialético*:

> É característico do reducionismo que ele atribua pesos relativos a causas parciais diferentes e tente avaliar a importância de cada causa mantendo todas as outras constantes enquanto varia um fator único. Explicações dialéticas, ao contrário, não abstraem propriedades de partes em isolamento das totalidades, mas veem as propriedades de partes emergirem de suas associações. Isto é, de acordo com a visão dialética, as propriedades de partes e totalidades codeterminam umas às outras. (Lewontin, Rose & Kamin, 1985, p.11)

O vocabulário é obviamente reminiscente da controversa dialética da natureza de Friedrich Engels, mas o importante a ressaltar é que os três combativos autores, mesmo insistindo no esquematismo ao acusar o reducionismo sociobiológico de desprezo pela historicidade e pelo interacionismo característico dos seres vivos, terminam por destacar a categoria propriamente biológica que permanece realmente à margem das explicações ao estilo de Wilson e Dawkins: o *desenvolvimento*, ou seja, o fato de seres de uma mesma espécie multicelular mudarem ao longo da vida segundo padrões confiavelmente repetidos. Como disse Lewontin (2001a, p.61), num texto clássico de 1983, "genes, organismos e ambientes estão em interação recíproca uns com os outros, de tal modo que cada um é tanto causa quanto efeito, de um modo bem complexo, embora perfeitamente analisável". E prossegue: "Os fatos conhecidos do desenvolvimento e da história natural tornam patentemente claro que genes não determinam indivíduos, e que tampouco ambientes determinam espécies". Existe um elemento de *ordem temporal* no processo de desenvolvimento que não pode ser captado no esquema simplificado de causação implícito na relação entre genótipo e ambiente para produzir o fenótipo, pois o fenótipo do instante anterior também participa da produção do seu sucessor. Além disso, argumenta Lewontin (2001a, p.64-5), organismos não só participam da construção de si mesmos como também engendram o próprio ambiente, que deixa portanto de ser entendido pela biologia de inspiração "dialética" como as condições físicas meramente dadas, para se restringir àquelas eleitas e modificadas pelo organismo em questão. Essa noção, aparentemente inspirada na noção marxista segundo a qual os homens constroem a própria história, ficaria depois conhecida como *niche-picking* (escolha de nicho) e daria origem a uma fértil linha de estudos.

A ciência radical não se limitava a combater a sociobiologia, contudo. Outro campo de investigação biológica – este sim dotado de um programa experimental com tendências "imperialistas" – a fazer pouco caso de suas perorações interacionistas era a genética propriamente dita, que ganhara impulso extraordinário após as descobertas da estrutura do DNA (1953) e da tecnologia do DNA recombinante (1973) e culminara na proposta de sequenciar (identificar e ordenar) todas as bases nitrogenadas do genoma humano, aventada pela primeira vez em meados dos anos 1980. Neste caso, a ciência radical de Lewontin, Kamin e Rose denuncia a razão de ser do PGH como uma espécie de contaminação da teoria biológica pelas limitações inerentes à pesquisa genética experimental, necessariamente restrita às determinações diminutas representadas por uns poucos genes cuja expressão consegue reproduzir de modo controlado em laboratório, magnificando-as portanto no processo de torná-las um sinal distinto em relação ao ruído de fundo. Com isso se origina o que Lewontin (2000c, p.x-xi) chama de *problema da extrapolação*: "A concentração dos geneticistas na origem das diferenças e sua confusão dessa questão com o processo que leva ao estado de um organismo emerge de uma profunda limitação estrutural da investigação experimental em biologia". Noutra formulação: "O uso de mutações drásticas de genes como ferramenta primária de investigação é um tipo de prática reforçadora que convence ainda mais o biólogo de que toda variação observada entre organismos deve ser o resultado de diferenças genéticas" (Lewontin, 2000b, p.15).

Tal redução deixaria de fora determinações essenciais à própria condição de ser vivo: "Organismos, diferentemente de sistemas físicos mais simples como estrelas e seus planetas, são de médio porte e funcionalmente heterogêneos, por dentro. Como resultado, constituem o nexo de um número muito grande de trajetórias causais fracamente determinantes" (Lewontin, 2000c, p.xi). O foco exclusivo da nascente genômica conduziria historicamente à estagnação da ciência clássica da embriologia experimental,[8] constata Lewontin em seu prefácio, 15 anos depois da primeira edição de *The Ontogeny of Information* (A ontogenia da informação), de Susan Oyama, que de resto enxerga o mesmo hiato na geneticização do desenvolvimento e da embriologia:

> nossas convicções mais fundamentais sobre processos de vida não parecem ter mantido o passo com o nosso crescente conhecimento factual. ... Criamos e observamos *diferenças*, mas desejamos compreender *fenômenos*. Ao tentar explicar fenômenos, usamos as ferramentas que nos servem tão bem ao investigar essas diferenças, e caímos no desvão fatal entre a análise e a síntese. (Oyama, 2000a, p.52)

Essa armadilha molecular contra a embriologia acabaria por atrair a atenção crítica também de estudiosas da ciência próximas ou militantes de uma perspectiva feminista, como Hilary Rose, Ruth Hubbard e Evelyn Fox Keller. Afinal, o que ficava reprimido pela doutrina da primazia do gene não era só o desenvolvimento do embrião (que no caso dos mamíferos ocorre em estreita ligação com o corpo feminino), mas também a contribuição única do óvulo materno para o novo ser, que recebe metade do patrimônio genético de cada um dos genitores, mas somente da mãe as organelas, membranas, compartimentos e proteínas que desencadeiam e regulam os passos iniciais desse desenvolvimento, antes que o genoma do embrião comece a ser lido e diretamente expresso. Keller, depois de escrever uma biografia

---

8 A mesma avaliação foi feita por Pinto-Correia (1999, p.382).

da geneticista Barbara McClintock sintomaticamente intitulada *A Feeling for the Organism*, fez dessa omissão um dos temas centrais de *Refiguring Life*:

> Inevitavelmente, é claro, esse modo de falar sobre genes também teve seus custos, e esses custos foram sentidos mais obviamente pelos embriologistas. ... Ele não concedia nem tempo nem espaço nos quais o restante do organismo, a economia supérflua do soma, pudesse exercer seus efeitos. O que é especificamente eclipsado no discurso da ação gênica é o corpo citoplasmático, marcado simultaneamente por gênero, por conflito internacional, e pela política disciplinar. (Keller, 1995, p.xiv-v)

Naquele momento Keller já demonstrava certo otimismo com a transformação do discurso da ação gênica no de *ativação* gênica, para ela mais condizente com as realidades experimentalmente estipuladas pelo estudo do desenvolvimento, mas cinco anos depois, por assim dizer na véspera do anúncio das sequências-rascunho do genoma humano, ainda considerou necessário fazer em *The Century of the Gene* (O século do gene) nova denúncia da omissão do citoplasma operada pelo genocentrismo, com base na

> suposição não declarada de que, desde que o curso do desenvolvimento e da forma final são herdáveis, o único material causal relevante a ser transmitido de uma geração a outra é o material genético. O fato manifesto de que o processo reprodutivo passa adiante não somente genes mas também citoplasma não é mencionado. ... a convicção de que o citoplasma não poderia conter nem transmitir traços da memória intergeracional havia sido um pilar da genética por tanto tempo que fazia parte da "memória" dessa disciplina, operando de forma silenciosa mas eficaz para moldar a própria lógica da inferência. (Keller, 2002, p.99-100)

Num ensaio publicado logo depois, "Beyond the Gene but Beneath the Skin" (Para além do gene mas sob a pele), a autora explicita o caráter eminentemente político e de gênero da omissão da genética quanto ao papel do óvulo:

Uma vez que, na reprodução sexual, o citoplasma deriva quase inteiramente do óvulo não fertilizado, não é uma mera figura de linguagem referir-se a ele como a contribuição materna. ... Meu título, em poucas palavras, é deliberado em sua alusão: quero indicar que a política de gênero esteve implicada na elisão histórica do corpo em questão, sem ao mesmo tempo reinscrever a mulher naquele ou em qualquer outro corpo. (Keller, 2001, p.301-2)

Assim como Lewontin (2000, p.160-1), Keller (2001, p.300) destaca o caráter instrumental da primazia conferida ao gene para a ressurgência de estudos controversos no campo da eugenia e da hereditariedade da inteligência e de comportamentos, na atmosfera da síntese neodarwinista, mas o faz em sentido sempre histórico-interpretativo, como se essa visão genocêntrica limitadora já se encontrasse num processo ineluctável de dissolução, sob a luz potente das observações experimentais. Esse otimismo de certo modo kuhniano com o poder corretivo ou revolucionador das descobertas empíricas (neste caso, a inesgotável complexidade que emerge dos estudos genômicos) é partilhado, por exemplo, por David S. Moore, para quem embriologia e genética seguiram cursos divergentes a partir de 1910, inclusive na eleição de seus animais-modelo (respectivamente ouriços-do-mar e anfíbios, de um lado, e moscas drosófilas, de outro), mas estão fadadas ao reencontro, por visarem ao mesmo objeto, vale dizer, aos resultados do processo de desenvolvimento:

> As investigações gêmeas em genética e desenvolvimento requerem integração antes que os grandes problemas da biologia e da psicologia possam ser resolvidos. ... A boa notícia é que avanços recentes tanto no entendimento quanto na tecnologia vêm permitindo que uma síntese apareça no horizonte. ... tal reunião trará com ela uma rejeição da noção de determinismo genético. (Moore, 2002, p.30-1)

Pode ser injusto atribuir algum otimismo a Keller, que tem manifestado dúvidas quanto à possibilidade de que a complexidade biológica possa um dia ser apreendida nas malhas de uma ciência matematicamente formalizada, como ocorre nas ciências físicas. De todo modo, mesmo que possa ser incluída no rol dos pessimistas epistemológicos da biologia, sua perspectiva permanece profundamente diversa do pessimismo histórico-político à maneira de Richard Lewontin, para quem a biologia como investigação não parece ser tolhida por certa opacidade inerente à trama do próprio objeto, mas antes pela renitência "antidialética" dessa disciplina na sua configuração contemporânea. Nos últimos anos, o inspirador e líder de tantas críticas ao determinismo genético parece ser o último a ainda se apegar aos termos político-ideológicos daquele debate dos anos 1980. Steven Rose, companheiro e coautor no libelo de 1985, *Not in Our Genes*, declara-se mais preocupado em preencher as lacunas científicas (falta de evidências empíricas) deixadas pelo movimento da ciência radical: "O desafio para os oponentes do determinismo biológico é que, embora possamos ter sido eficazes em nossa crítica de suas afirmações reducionistas, falhamos em oferecer uma moldura alternativa coerente na qual [*se possam*] interpretar processos vivos" (Rose, 1998, p.ix). Com efeito, chega a ser sintomático que Lewontin (2000c, p.xv) declare ainda preferir a qualificação de "interacionismo *dialético*" à de "interacionismo *construtivista*" defendida por Oyama (2000a, p.xvii) na reedição de *The Ontogeny of Information*, quando, precisamente, ela e vários cientistas simpáticos a uma reformulação da biologia na ótica da DST (*developmental systems theory*)[9] se esforçam para torná-la menos datada, mais coerente e experimentalmente mais fértil.

---

9 Steven Rose (1998, p.ix-x) prefere empregar o termo "homeodinâmica" para designar uma visão da biologia que transcenda o determinismo genético e ponha o organismo, não o gene, no centro do fenômeno da vida; Moore (2002, p.8), por seu turno, declara-se adepto de uma *"perspectiva de sistemas de desenvolvimento"*, evitando a carga pretensiosa do termo "teoria" para o que ainda se configura como uma orientação dispersa entre muitas denominações, como "interacionismo", "construcionismo", "desenvolvimentalismo dinâmico", "abordagem de epigênese probabilística" e outras; a própria Oyama (2000b, p.2) concorda que talvez seja preferível falar em "perspectiva" ou "abordagem", se por teoria entender-se mais do que uma "máquina geradora de hipóteses".

Interacionismo construtivista

De todo modo, ainda que expurgada da componente de crítica política, a matriz dessa perspectiva permanece sendo aquela aberta no início dos anos 1980 sob a liderança de Lewontin, como fica atestado na persistente aceitação do termo "interacionismo" para marcar o caráter eminentemente histórico – e contingencial – do desenvolvimento biológico, assim como a necessária *interação* entre genes e ambiente para a emergência de forma e função no organismo, pretendidas antíteses tanto da dicotomia *nature/nurture* quanto da primazia de seu primeiro termo, na forma do todo-poderoso DNA pré-formador. Eis a visão do problema para os integrantes do movimento da ciência radical em *Not in Our Genes*:

> Organismos não herdam suas características [*traits*], mas somente seus genes, as moléculas de DNA que estão presentes no ovo fertilizado. Do momento da fertilização até o momento de sua morte, o organismo passa pelo processo histórico de desenvolvimento. Aquilo que o organismo se torna a cada momento depende tanto dos genes que carrega em suas células quanto do ambiente no qual o desenvolvimento está ocorrendo. (Lewontin, Rose & Kamin, 1985, p.268)

Duas décadas depois, a noção de que o desenvolvimento depende de um "complexo interativo" capaz de ativar diferencial e concertadamente os genes nos diversos tecidos ainda goza de importância central nos esforços de sistematização da DST promovidos sobretudo por Oyama:

> O que se transmite entre gerações não são características [*traits*], ou plantas-mestres [*blueprints*], ou representações simbólicas de características, mas sim *meios* de desenvolvimento (ou *recursos*, ou ainda *interagentes* [*interactants*]). Esses meios incluem genes, a maquinaria celular necessária para seu funcionamento e o

contexto desenvolvimental mais amplo, o qual pode incluir um sistema reprodutivo materno, cuidado parental ou outra interação com integrantes da mesma espécie [conspecifics], assim como relações com outros aspectos dos mundos animado e inanimado. (Oyama, 2000b, p.29)

Para a autora, levar essa perspectiva interacionista a sério exige a rejeição do Dogma Central de Francis Crick como metáfora pertinente para descrever os mecanismos de controle do processo de desenvolvimento: "A causação de mão única que ele implica é inconsistente com a causação múltipla e recíproca realmente observada nos processos vitais. Interação requer uma 'troca de informação' de duas mãos" (ibidem, p.68). Poucas páginas adiante, Oyama (ibidem, p.73-4) apresenta uma relação mais detalhada dos vários fatores que interagem no desenvolvimento (rebaixando assim o DNA à condição de um, apenas, entre pelo menos nove componentes):

1. O genoma, com suas partes móveis e interativas;
2. A estrutura celular, aí incluídas organelas como as mitocôndrias, que, segundo a teoria da endossimbiose, teriam origem em organismos primitivos assimilados no passado evolutivo profundo pelos organismos que viriam a ser os eucariotos;
3. As substâncias intracelulares, como o RNA mensageiro (mRNA) herdado de outras gerações pelo citoplasma do óvulo;
4. O ambiente extracelular (mecânico, hormonal, energético);
5. Os sistemas reprodutivos parentais (fisiológicos ou comportamentais);
6. A autoestimulação pelo próprio organismo em formação, como sinais bioquímicos emitidos por células ou tecidos vizinhos;
7. O ambiente físico imediato (ninhos, fontes de alimento);

8. Os membros da própria espécie ou de outras, como nas relações de simbiose;
9. O clima e outros componentes físicos do ambiente em sentido mais amplo.

Diante desse quadro, Moore chega à conclusão de que não cabe mais falar em controle ou informação (no sentido de *instruções* identificáveis num componente especial desse sistema, como os genes), uma vez que o que se pretende designar por esse termo na realidade está pulverizado e disseminado por todo o sistema vivo em desenvolvimento. Assim, a constituição de características fisiológicas ou comportamentais antes ditas "hereditárias" se daria como que espontaneamente, pela confluência de uma gama enorme de condições, a maioria delas necessária – mas nenhuma suficiente – para o resultado, de tal modo que "as contribuições causais para nossas características [*traits*] não podem ser repartidas entre os componentes do sistema do qual emergimos, pois *a própria natureza do processo desenvolvimental que constrói nossas características torna teoricamente impossível a repartição de causalidade*" (Moore, 2002, p.153).

Como é da natureza eclética da emergente perspectiva DST, existe pouca concordância quanto à terminologia, mesmo havendo acordo nos aspectos fundamentais. Eva Jablonka, ao esquematizar essa ampliação da hereditariedade, o faz não só preservando o conceito de *informação* – combatido por vários outros autores como verdadeiro cerne do Dogma Central e do determinismo genético – quanto estendendo sua aplicação para além da genética; define-o como *"organização transmissível de um estado atual ou potencial de um sistema"* (Jablonka, 2001, p.100) e o põe no centro de gravidade de seu esquema com quatro sistemas de hereditariedade: genética (*GIS*, na abreviação em inglês); epigenética (*EIS*), de célula para célula; comportamental (*BIS*), ou transmissão em sociedades animais por meio de aprendizado social; e simbólica (*SIS*), ou comunicação pelo emprego da linguagem.

De toda maneira, a ampliação inaudita da noção de hereditariedade representa apenas um dos oito temas centrais ou ideias-chave que a DST mobiliza contra o genocentrismo, como foram sistematizados por Oyama (2000b, p.2-7):

1. Aplicação dos mesmos critérios de análise para componentes do sistema como genes e ambiente, de modo que demonstre como a concessão de primazia aos primeiros constitui um processo circular;
2. Interdependência desenvolvimental e evolutiva de organismo e ambiente, que se interpenetram e produzem reciprocamente;
3. Deslocamento da dicotomia *nature/nurture* para uma multiplicidade de entidades, influências e ambientes;
4. Deslocamento da escala única que leva do genótipo ao fenótipo para múltiplas escalas de magnitude e temporais (das interações entre moléculas àquelas entre organismos e pessoas; da ação instantânea de um hormônio à duração de uma vida e ao tempo evolutivo);
5. Extensão da hereditariedade;
6. Deslocamento do controle central para a regulação interativa e distribuída;
7. Deslocamento do foco na transmissão entre gerações para a construção e transformação contínuas (daí a qualificação de "interacionismo *construcionista*");
8. Extensão e unificação teóricas, com a convergência de explicações para o fenômeno do desenvolvimento hoje dispersas e concorrentes.

Em outra versão da lista de temas centrais da DST, Oyama, Griffiths & Gray (2001, p.2) reduzem-na a seis itens: determinação conjunta por múltiplas causas; sensibilidade ao contexto e contingência; hereditariedade ampliada; desenvolvimento como construção; controle distribuído; e evolução como construção.

Já Sterelny (2001, p.335), no mesmo volume, relaciona uma tese programática (a unidade fundamental da evolução é o ciclo de vida) e três teses críticas centrais: não se deve pressupor que a fronteira organismo/ambiente tenha significado teórico para a biologia evolutiva e do desenvolvimento; genes podem ser destacados com finalidade explicativa ou preditiva, mas não são mais que um recurso desenvolvimental entre outros; é duvidoso explicar similaridades intergeracionais apenas com base em informação geradora de fenótipos transmitida entre gerações.

Quanto a um programa de investigação experimental, Oyama (2000b, p.8-9) deduz que a DST implicaria "atentar para as ligações ecológicas, comportamentais e fisiológicas entre gerações, assim como perguntar como mudanças intergeracionais podem ser mantidas, abafadas ou amplificadas". Não é muito diversa a recomendação de Lewontin (2000b, p.47) em *The Triple Helix* (A tripla hélice), possivelmente sua obra mais propositiva, embora ele prefira centrar o destino da investigação biológica numa reforma da interação postulada entre organismo e ambiente: "Chegou o momento em que o futuro progresso de nosso entendimento da natureza requer que reconsideremos a relação entre o exterior e o interior, entre organismo e ambiente". Algo paradoxalmente, esse movimento – que seria também aquele que transita da noção darwiniana clássica de *adaptação* para outra mais relacional, de *construção* – implica abandonar o conceito de segmentos predeterminados em um ambiente físico logicamente anterior à vida, uma vez que

> a premissa de que o ambiente de um organismo é causalmente independente do organismo, e de que as mudanças no ambiente são autônomas e independentes das mudanças na própria espécie, é claramente errada. É má biologia, e todo ecólogo ou biólogo evolucionista sabe que é má biologia. ... Um *ambiente* é algo que rodeia [*surrounds*] e engloba, mas, para que haja um redor [*surrounding*], é preciso haver algo no centro para ser rodeado [*surrounded*]. O ambiente de um organismo é a penumbra de condições externas

que são relevantes para ele porque mantém interações efetivas com aqueles aspectos do mundo externo.

Se o conceito de nicho ecológico preexistente pudesse ter alguma realidade concreta e algum valor no estudo da natureza, deveria ser possível especificar quais justaposições de fenômenos físicos constituiriam um nicho potencial e quais não. O conceito de um nicho ecológico vazio não pode ser tornado concreto. (Lewontin, 2000b, p.48-9)

Como já foi assinalado anteriormente, essa noção de *niche-picking* (escolha de nicho, ou construção do ambiente) e a de sua consequente herdabilidade revelou-se fecunda para pesquisadores simpáticos à perspectiva DST. Moore (2002, p.168-72) oferece três exemplos eloquentes de pesquisas que embaralham a nítida distinção tradicional entre o que é herdado e o que é ambiental: camundongos que ganham mais peso quando recebem cuidados parentais de adultos de pelagem clara, independentemente de sua própria pelagem (ou seja, de seus genes), e que transmitem esse padrão característico de cuidado parental/ganho de peso para as gerações seguintes, mais uma vez de maneira independente do que especifica seu DNA em matéria de pelagem;[10] filhotes de espécies diversas de tentilhões que, ao nascerem em ninhos da outra espécie, aprendem o canto característico desta e o transmitem a seus próprios filhotes;[11] e dois tipos de organização de formigueiros por formigas da mesma espécie (*Solenopsis invicta*), com uma ou com várias rainhas na mesma colônia, com diferenças anatômicas na fase madura induzidas pelo tipo de formigueiro e independentes do patrimônio genéti-

---

10 RESSLER, Robert H. (1966). Inherited Environmental Influences on the Operant Behavior of Mice. *Journal of Comparative and Physiological Psychology.* v.61, p.264-7. [Citado em Moore, 2002.]

11 IMMELMANN, K. Song Development in the Zebra Finch and Other Estrildid Finches. In: HINDE, R.A. (ed.). *Bird Vocalizations: Their Relations to Current Problems in Biology and Psychology*. Cambridge: Cambridge University Press, 1969. [apud Moore, 2002.]

co desses indivíduos (mesmo rainhas com os mesmos genes amadurecem de forma diversa caso sejam únicas, ou várias, na mesma colônia).[12] Para o autor, esse gênero de investigação fortalece cada vez mais a noção de que as especificações contidas no DNA da espécie e os aspectos do ambiente que lhe são relevantes ou são por ela moldados constituem complexos coerentes de recursos desenvolvimentais que não faz sentido considerar separadamente, muito menos em categorias hierárquicas que façam do DNA o componente mais importante, por ser supostamente o único fator transmitido de geração para geração:

> Lembre-se: como as características [*traits*] são *construídas* por cooperações [*co-actions*] gene-ambiente durante o tempo de vida de um indivíduo, o que *precisa* se tornar disponível para a prole, para que possa desenvolver as características adaptativas de seus ancestrais, são *tanto* os fatores genéticos quanto os fatores ambientais que levaram seus ancestrais a desenvolver essas características, antes de mais nada. Somente desse modo pode a prole desenvolver as próprias características adaptativas. Diante deste estado de coisas, *a evolução darwiniana só pode ocorrer quando a natureza "seleciona" para reprodução na próxima geração os sistemas gene-ambiente que produzem as características adaptativas*. ... O principal dessa conclusão é que mesmo recursos ambientais persistentes como o hábitat – não menos do que genes, ou do que fatores ambientais como comportamento parental, por exemplo – podem ser adquiridos por meio da evolução. (Moore, 2002, p.173-4)

Bateson e Martin (2000) estendem as consequências arejadoras da noção de *niche-picking* para o domínio mais controverso das relações entre genética e ambiente, aquele dos comportamentos sociais humanos, tão caro aos proponentes da sociobiologia, da psicologia evolucionista e outros adeptos do determinismo genético:

---

12 KELLER, L. & ROSS, K.G. Phenotypic Plasticity and "Cultural Transmission" of Alternative Social Organization in the Fire ant *Solenopsis invicta*. *Behavioral Ecology and Sociobiology*. v.33, p.121-9, 1993. [apud Moore, 2002.]

Mesmo quando se sabe que um gene particular, ou uma experiência particular, tem um efeito poderoso sobre o desenvolvimento de um comportamento, a biologia tem uma maneira misteriosa de encontrar rotas alternativas. Se a via desenvolvimental normal para uma forma particular de comportamento adulto estiver bloqueada, um outro caminho pode com frequência ser encontrado. O indivíduo pode ser capaz, por meio de seu comportamento, de configurar [match] seu ambiente de modo a adequá-lo a suas próprias características – um processo batizado como "escolha de nicho" ["niche-picking"]. Ao mesmo tempo, a atividade lúdica [playful] aumenta o leque de escolhas disponíveis e, quando mais criativa, permite ao indivíduo controlar o ambiente por vias que de outro modo não seriam possíveis. (Bateson & Martin, 2000, p.220)

Talvez a melhor maneira de coordenar o que os adeptos de uma perspectiva DST propõem de forma não muito unívoca seja destacar o fato de que se cruzam em seus escritos pelo menos três tipos de recusa de primazia ou anterioridade lógica ao DNA: eles não *determinam* sozinhos as características dos seres vivos, não são os únicos recursos desenvolvimentais *transmitidos* de uma geração a outra e tampouco possuem exclusividade como *unidades de seleção*, ou seja, não é apenas sobre eles que age a seleção natural. Este último ponto é salientado por Stephen Jay Gould, ao negar a ideia de Richard Dawkins de que genes são os agentes da luta dos organismos pela sobrevivência:

Genes interagiriam diretamente [*com o ambiente*] somente se os organismos não desenvolvessem propriedades emergentes – isto é, se os genes construíssem os organismos de uma maneira inteiramente aditiva, sem quaisquer interações não lineares entre os genes. ... Assim, uma vez que os genes interagem com o ambiente apenas indiretamente por meio da seleção sobre os organismos, e uma vez que a seleção dos organismos opera predominantemente sobre características [*characters*] emergentes, genes não podem ser unidades de seleção. (Gould, 2002, p.620)

Assim, tem razão Godfrey-Smith (2001, p.283) quando afirma que o cerne da perspectiva DST é o *antipré-formacionismo* no que afeta ao desenvolvimento, embora considere que por vezes seus adeptos caminhem longe demais nesse rumo. O tema comum a essas três recusas relacionadas com a suposta primazia do DNA pode ser caracterizado também como um abandono das explicações teleológicas em biologia, dos resquícios de *causas finais* e *causas formais* aristotélicas (Oyama, 2000a, p.13) que fazem dos genes a sede de uma intencionalidade insustentável (por inexplicável e indesignável), em favor de causas eficientes e materiais como as interações construtivas envolvendo genes, aspectos do ambiente, estados das células, tecidos, órgãos etc., recursos de outras gerações, espécies ou indivíduos, e assim por diante. Uma biologia, enfim, centrada na imanência do desenvolvimento, e não essencialista (ou pré-formacionista).

Atenção: não se trata apenas de reivindicar igualdade ou mesmo superioridade de recursos ambientais ou não genéticos como fatores de determinação, pois isso ainda seria permanecer nos limites estreitos da dicotomia *nature/nurture* e ser mais uma vez arrastado pelo recorrente movimento pendular entre esses dois polos, quando a perspectiva DST pretende libertar-se de tal pensamento dicotômico. Movimento semelhante é realizado por Steven Rose, ainda que ele não se filie à DST e proponha apenas a substituição da dicotomia *nature/nurture* por outra, entre *plasticidade* e *especificidade* (Rose, 1998, p.142), para entender o processo de desenvolvimento; ambas seriam propriedades inerentes ao organismo e manteriam relações inextricáveis tanto com os genes quanto com o ambiente, compondo uma espécie de extensão do conceito de *norma de reação* introduzido por Theodosius Dobzhansky, segundo o qual muitos processos ontogenéticos são relativamente indiferentes à experiência do organismo.

Esse é o sentido da escolha do termo *interacionismo construtivista*: apenas alguns meios ou recursos de desenvolvimento são herdados; os *produtos* do desenvolvimento, por seu turno, são *construídos*, e não determinados de antemão (pré-formados). Dito de outro modo, a *regularidade* que se observa no desenvolvimento de seres da mesma espécie é *resultado* e não *causa* do sistema vivo (Oyama, 2000a, p.26 e 141; Keller, 2002, p.43). "Com efeito, o padrão com frequência é mantido apesar de consideráveis alterações no genótipo, no ambiente ou em ambos" (Oyama, 2000a, p.17). Essa mesma confiabilidade do processo de desenvolvimento é destacada também por Keller (2002, p.121): "... mais notável do que a persistência material da estrutura do gene através de tantas gerações, é a confiabilidade com que um organismo individual, em cada geração, negocia sua precária passagem de zigoto a adulto".

Oyama (2000a, p.41) chega mesmo a prescindir de um agente na efetivação do tipo de mudança estudada pela biologia: "Em seres vivos, nenhum agente é necessário para iniciar sequências de mudança ou para guiá-los a suas metas [*goals*] próprias. A matéria, incluindo a matéria viva, é inerentemente reativa, e a mudança, longe de ser uma intrusão em alguma ordem natural estática, é inevitável". Trata-se de uma forma algo paradoxal de resgatar o organismo – e, por extensão, os comportamentos humanos, individual e social, fenótipo que motiva a maior parte dos debates sobre o determinismo – do limbo de passividade a que havia sido relegado pela doutrina da ação gênica, ou seja, pela noção de que todas as manifestações fenotípicas se encontram prefiguradas de forma linear e determinística no DNA. A qualificação de "paradoxal" se justifica por não se tratar de uma simples troca de sinal, como por vezes se entende o ponto de vista da DST, ou seja, mera subtração ao DNA do atributo de *espontaneidade* e sua transferência para o ambiente, ou para fatores não genéticos em geral, o que pode ser entendido como a ressurreição de alguma forma de vitalismo, de um sopro ou uma força misteriosa a comandar o próprio desenvolvimento do organismo. O que a perspectiva DST busca inaugurar não é tanto o traslado da espontaneidade ou da intencionalidade de um componente privilegiado a outro, mas a distribuição da primeira por todo o processo (dissolvendo com isso qualquer laivo de intencionalidade oculta), até mesmo em caráter temporal (pois o fenótipo anterior comparece como uma das "causas" do subsequente, e assim por diante). Para o ser humano e social, o que se objetiva resgatar com essa visão é exatamente a *condição de possibilidade* da espontaneidade, como ensina Susan Oyama ao descartar tanto a doutrina do determinismo genético quanto a de seu oposto simétrico, o behaviorismo:

> Uma das consequências de dotar o gene com esses poderes subjetivos [*subjectlike*] é que nossas ideias de liberdade e possibilidade, nunca muito claras, tornam-se ainda mais turvas. Nossa liberdade parece ser ameaçada por coisas que são feitas conosco e afirmada por coisas que nós fazemos; genes como sujeitos nos tornam objetos, justamente como os estímulos dos behavioristas. O determinismo genético é frequentemente criticado por nos transformar em robôs impelidos de lá para cá por forças biológicas, enquanto a ênfase behaviorista no controle do estímulo tem sido frequentemente denunciada por nos tornar passivos, objetos meramente reativos de forças ambientais. Esse ataque em dois fronts contra a autonomia deve nos fazer parar para pensar, especialmente quando nos dizem que *isso é tudo o que há*: apenas genes e ambiente. (Oyama, 2000a, p.90-1)

Torna-se claro, assim, como a crítica do determinismo genético empreendida do ângulo da DST adquire uma dimensão também *política*, em sentido mais profundo que o da crítica "dialética" historicamente dirigida contra a sociobiologia. O próprio Richard Lewontin tira conclusões semelhantes, ao afirmar:

> Todo objeto biológico, mas especialmente um ser humano, é o nexo de um grande número de causas em ação. Nenhuma, ou poucas, dessas causas determina a vida do organismo; assim, o que parecem ser histórias causais trivialmente diferentes podem

ter produtos finais radicalmente diversos. É essa estrutura de interação de múltiplas vias causais que torna livres as criaturas vivas, até mesmo o cientista, de um modo que os objetos inanimados não são. É por isso que, no final, biografias nos contam tão pouco, mas exemplificam tanto, sobre a complexidade do desenvolvimento. (Lewontin, 2000a, p.217)

Mostra-se legítimo, nesse contexto, o deslocamento metafórico do plano do organismo biológico para o do sujeito social, elegendo a *indeterminação* – e portanto a abertura para o novo e para a construção – como algo inerente a ambos; legítimo não apenas porque homens em sociedade são primeiramente seres vivos, mas também, e sobretudo, porque o determinismo biológico e em particular a sociobiologia propõem reduzir a primeira condição à determinação pela segunda. Opor-se a tal estreitamento de possibilidades não implica necessariamente pressupor uma continuidade ontológica, e tanto mais problemática, entre negatividades supostamente imanentes a ambos os sistemas, o desenvolvimental e o social, como parece sugerir Lewontin (1993, p.120-1) nas passagens em que insiste numa visão "dialética" (ou seja, na pressuposição à maneira de Engels de que todo processo complexo de transformação necessariamente proceda pelo engendramento de antíteses e sínteses). A esse respeito, é importante assinalar como Steven Rose, seu coautor no quase-manifesto *Not in our Genes* (Lewontin, Rose e Kamin, 1985), evita cuidadosamente o termo de sabor marxista em sua própria tentativa de sistematizar uma perspectiva teórica alternativa à do determinismo genético (Rose, 1998). Em suma, mesmo que não se faça aqui objeção de princípio a um ponto de vista político na base da crítica teórica a um determinado programa ou estratégia de pesquisa, no caso da acertada crítica de Lewontin aos pressupostos deterministas do PGH parece dispensável o recurso a esquemas especulativos como o de uma "dialética da natureza".

Potencial heurístico do interacionismo

A insistência de uma de suas mais importantes figuras inspiradoras (Lewontin) nesse esquematismo reminiscente da dialética da natureza não representa contudo a única, e possivelmente nem mesmo a principal, fraqueza que se pode apontar na perspectiva DST; afinal, os autores mais diretamente envolvidos no esforço de coordenação desses pontos de vista, como Susan Oyama, prescindem desse acréscimo interpretativo. Mais preocupante para a perspectiva teórica incipiente do interacionismo construtivista apresenta-se a objeção levantada por Sahotra Sarkar, segundo o qual os adeptos da DST tendem a confundir *determinismo* (epistemologicamente ilegítimo, por ultrapassar limites autorizados pelos experimentos) com *redução física*[13] (legítima, por heurística e experimentalmente profícua), uma vez que a adoção de uma perspectiva desenvolvimental (ou "histórica") em biologia não invalida nem exclui forçosamente o emprego da segunda como ferramenta de investigação:

> Em biologia, aquelas condições [*iniciais*] são com frequência críticas para a explicação do fenômeno – essa é uma versão do que por vezes se chama de princípio da historicidade em biologia. As entidades e processos são claramente insuficientes para construir os resultados [*outcomes*]. Mais ainda, dado que o conjunto de condições possíveis no qual as entidades podem se encontrar é grande, não deveria constituir surpresa que resultados [*outcomes*] biológicos – o resultado [*result*] de uma história evolutiva particular e de uma história desenvolvimental particular – não possam ser previstos ou construídos (a partir de algum outro F-domínio [*F-realm*][14]) na prática. Mas isso, uma vez mais, não é argumento contra o valor das reduções. (Sarkar, 1999, p.65)

---

13 Explicação de fenômenos biológicos com base na física (Sarkar, 1998, p.10).
14 Na terminologia de Sarkar, a teoria com base na qual se realiza a *redução* de outra, como a física em relação à biologia molecular.

O equívoco estaria em deplorar a redução por não comportar *predição*, quando ela representa unicamente uma forma de *explicação*, uma "categoria mais fraca" (Sarkar, 1999, p.64) do que a primeira. Mas não inútil: se o critério adotado for o da prática da ciência, ou seja, o da construção de modelos úteis ou intelectualmente iluminadores do mundo (valor que certamente seria subscrito pelos mais ferrenhos críticos do determinismo e do reducionismo genéticos no campo da DST, pois todos se reivindicam cientistas), a redução física em biologia não só constitui um instrumento válido, como também profícuo, na opinião de Sarkar (1999, p.64). Com efeito, não há como negar ou desprezar o notável acervo de descobertas propiciado pelo biologia molecular, sobretudo na última década, em que pesem todos os abusos do discurso determinista do qual se fez preceder e acompanhar. A reverência diante da inaudita produtividade experimental da genética tornada genômica também anima autores insuspeitos de militância pró-determinismo, como Evelyn Fox Keller. Para ela, o conceito reducionista de gene representa uma espécie de alça ou manopla (*handle*) indispensável para o pesquisador experimental, que lhe permite manusear e manipular de modo eficiente a vida no plano infracelular: "De fato, a eficácia de tais intervenções é o que convence muitos biólogos moleculares do poder causal dos genes" (Keller, 2002, p.159). A utilidade do reducionismo é experimental e tecnológica, como assinalam Cho et al. (1999, p.2089): "Concentrar-se numa abordagem reducionista tem obtido algum valor histórico ao ajudar cientistas a produzir um melhor entendimento da função celular", mas esses mesmos autores ressalvam que "a vida não precisa ser entendida somente em termos do que a tecnologia permite a cientistas naturais descobrir".

O elogio à proficuidade da perspectiva reducionista no trabalho de laboratório (mesmo que a contragosto) pode ter também como contrapartida um ataque ao próprio campo da DST, que padeceria de uma incapacidade de gerar programas experimentais originais. Em *Ontogeny of Information*, Oyama (2000a, p.126) ainda respondia tentativamente à objeção de que o excesso de complexidade visado pelo interacionismo construcionista tornava impraticáveis quaisquer generalizações, dizendo que, na verdade, essa crítica poderia ocultar um preconceito contra novos tipos de generalização. Naquela altura, a líder DST ainda não arriscava mais que delinear a proposta de um estilo de pesquisa:

> Para alcançar a integração coerente [*da embriologia e dos estudos desenvolvimentais com a teoria da evolução*], um investigador precisa realizar por sua vontade e por seu engenho o que os organismos em desenvolvimento realizam pela natureza emergente: discriminar níveis e funções e manter em ordem as fontes, os efeitos interativos e os processos. (Ibidem, p.164)

Em *Evolution's Eye* (Olho da evolução), década e meia depois, ela admite que a DST não deve ser considerada uma "teoria" no sentido forte de máquina geradora de hipóteses empíricas (Oyama, 2000b, p.2), embora chegue a esboçar, como já foi destacado anteriormente, as linhas de um futuro programa empírico para a DST: "atentar para as ligações ecológicas, comportamentais e fisiológicas entre gerações, assim como perguntar como mudanças intergeracionais podem ser mantidas, abafadas ou amplificadas" (Oyama, 2000b, p.8-9).

O grande e fatal passo é dado por Godfrey-Smith, em sua contribuição para a coletânea *Cycles of Contingency* (Ciclos da contingência) coeditada por Susan Oyama, quando diz que a DST não estaria no domínio da ciência propriamente dita, mas sim no que chama de *filosofia da natureza*, portanto livre da obrigação de ser útil em contexto empírico: "No trabalho empírico, é provavelmente inevitável que o pesquisador desembaralhe fatores causais e distinga alguns como condições primárias e outros como condições de fundo, e negar essa estratégia ao pesquisador significa interditar a [*própria*] pesquisa" (Godfrey-Smith, 2001, p.289). Dele discorda Lenny Moss, no mesmo volume, recusando a dicotomia sem gradações entre reducionismo heurístico e holismo impraticável e advogando que nem mesmo a abordagem reducionista pode esquivar-se de dar conta da integração real observada nos organismos:

> Abrir mão do cordão umbilical pré-formacionista não significa cair num abismo sem fundo de complexidade, mas sim manter-se empiricamente aberto para descobrir qual nível de ordenação biológica é mais relevante para os próprios propósitos explicativos. ... Módulos multimoleculares e funcionalmente conservados têm emergido como novas unidades de desenvolvimento, morfologia, inovação e variação, num nível intermediário de ordenação biológica. (Moss, 2001, p.91)

Em poucas palavras, não está claro ainda – nem mesmo entre os simpatizantes da DST – se dessa perspectiva poderá ser derivado um programa empírico que consiga ir além do programa determinista, até porque ainda tem poucos resultados para exibir nesse quesito, à exceção talvez da fecundidade da noção de *niche-picking*.

Nessa encruzilhada entre a crítica do determinismo e a dificuldade de rivalizar com ele nas trincheiras dos laboratórios, um dos grandes problemas para a DST é a própria noção de gene. Até mesmo adversários dessa perspectiva aceitam que se torna cada vez mais difícil abarcar com esse termo tantas e tão díspares unidades funcionais de ácidos nucleicos, o que hoje impediria uma definição unívoca e epistemologicamente aceitável para ele (Maynard Smith, 2000, p.44). Para Gelbart (1998, p.660), uma voz aparentemente mais "neutra" nesse debate, já está claro para cientistas experimentais que os genes não são objetos físicos, mas somente conceitos com uma pesada bagagem histórica. Há uma razão de ordem pragmática, porém, para manter em circulação o conceito de "gene", diagnosticada pelo mesmo autor (Gelbart, 1998, p.660): mesmo constituindo uma barreira para a compreensão do genoma, essa noção ainda serve de fundamento para a organização das grandes bases de dados genômicos.

No campo dos interacionistas construtivistas, não há muito acordo quanto ao destino que cabe ao termo "gene". Keller (2002, p.17 e 79), por exemplo, considera que o conceito pertencia ao século XX e com ele se extinguia, mas conclui que terá de continuar a ser empregado – pela necessidade prática de pesquisadores – até que surja vocabulário novo e melhor (Keller, 2002, p.155). Já Eva Neumann-Held considera que, mesmo retendo o conceito de gene, é preciso enfrentar a questão de sua imprecisão, o que a leva a propor sua reformulação no que nomeia como "conceito processual-molecular de gene" (*process molecular gene*, ou *PMG*), reunindo os processos de transcrição (do DNA em mRNA) e de tradução (dos códons de RNA em aminoácidos):

> "Gene" é o processo (isto é, o decurso de eventos) que interliga o DNA com todas as outras entidades não-DNA relevantes na produção de um polipeptídeo [*molécula composta por uma única cadeia de aminoácidos; proteínas são formadas por uma ou mais dessas cadeias*] particular. O termo *gene*, nesse sentido, designa os processos que são especificados por (1) interações específicas entre segmentos específicos de DNA e entidades específicas não localizadas em DNA, (2) mecanismos específicos de processamento dos mRNAs resultantes em interações com outras entidades não localizadas em DNA. Esses processos, na sua ordem temporal específica, resultam (3) na síntese de um polipeptídeo específico. Esse conceito de gene é relacional e sempre inclui a interação entre o DNA e seu ambiente (desenvolvimental). (Neumann-Held, 2001, p.74)

Mesmo para um leigo fica manifesto no conceito proposto seu caráter pouco operacional – isso para não mencionar as dificuldades de representação que introduziria: como anotá-lo num artigo científico, por exemplo, na forma de diagramas, fórmulas, esquemas tridimensionais? Com todos os seus defeitos, o conceito tradicional era facilmente representado na forma de um "colar de contas", em que seus diversos componentes (promotores, operons, éxons etc.) aparecem enfileirados na ordem que se acredita ocuparem na cadeia de DNA. O conceito PMG é criticado por Lenny Moss como impraticável, com base no exemplo do gene conhecido como N-CAM (de *neural cell adhesion molecule*, ou "molécula de adesão de célula neural"), que, dependendo do tecido e da etapa de desenvolvimento em que é expresso, pode resultar numa centena de variações (isoformas) da proteína N-CAM; cada variante, no caso do conceito PMG, demandaria uma nova definição. "Os PMGs não denotariam nada de mais durável do que singularidades na história de vida de um organismo e, portanto, seriam de valor biológico negligenciável" (Moss, 2001, p.91).

A conclusão mais plausível desse debate é que não se trata de menosprezar e prescindir imediatamente do conceito de gene, mas de remetê-lo a seu devido lugar, ou seja, o de um entre muitos recursos desenvolvimentais, e não o de um componente privilegiado, único a armazenar toda a *informação* e a deter todo o *controle* do processo de desenvolvimento do organismo. Gould (2002, p.614), por exemplo, diz que sua função é a de simples instrumento de apontadoria (*bookkeeping*), enquanto Eric Lander – um dos líderes do PGH – exprimiu ideia semelhante, numa conferência, com um termo mais glamoroso, "caderno de notas da evolução" (AAAS, 2002, Boston). Atlan (1992, p.50) e Morange (2001, p.24) seguem na mesma direção, ao considerar mais adequada que a metáfora de *programa* a de *memória* de computador, para descrever a função do genoma, abandonando assim a conjuminação de planta-mestra e construtor inaugurada por Schrödinger.

Nesse sentido, mostra-se útil a distinção entre *Gene-P* (de *pré-formacionista*) e *Gene-D* (de *desenvolvimental*) proposta por Moss (2001, p.86-7). O primeiro, Gene-P, é o conceito mendeliano, no qual só conta sua condição de unidade de transmissão intergeracional, funcionando portanto como fator de predição de uma característica fenotípica, e não suas propriedades moleculares. Já o Gene-D é entendido como unidade transcricional, simples recurso para o desenvolvimento, em si mesmo indeterminado com relação ao fenótipo (pois este depende também da confluência de todos os outros recursos desenvolvimentais, dos epigenéticos aos não genéticos).

Tal diferenciação corresponde em grande medida à distinção que Sahotra Sarkar estabelece entre *determinismo genético* (cujo correlato ou substrato seria o Gene-P de Moss) e *redução física* (pelo menos não conflitante com o Gene-D), concluindo que o equívoco estaria em promover uma mistura dessas duas doutrinas. É compreensível que os interessados na promoção e na hegemonia da pesquisa genômica associem a ela o sucesso experimental inegável da redução física para com isso reforçar, indevidamente, a plausibilidade do determinismo genético, mas os críticos deste último deveriam evitar cometer a mesma confusão, ainda que com o sinal trocado, ao identificar determinismo genético com redução física, como faziam Lewontin, Rose & Kamin (1985) ao denunciar esta última como não dialética e correlata da ideologia individualista: "muito da confusão filosófica sobre a viabilidade da redução em genética molecular surgiu da mistura [*conflation*] do reducionismo genético com o físico. Os problemas com o primeiro foram usados para argumentar contra o último" (Sarkar, 1999, p.14). Raciocínio semelhante é desenvolvido por Michel Morange quando afirma que a biologia molecular realmente praticada nos laboratórios nunca se limitou a um programa genético-determinista:

> Os opositores da biologia molecular e da genética afirmam que há dois tipos de biólogos: aqueles que querem explicar a complexidade da vida simplesmente entendendo os genes e aqueles que situam essa complexidade no nível de outros componentes do organismo e, acima de tudo, em sua organização. Tal dicotomia é absurda e cria uma impressão errada da visão molecular da vida que se tem desenvolvido desde os anos 1950. Se os biólogos moleculares tivessem de designar uma categoria de macromoléculas como sendo essenciais para a vida, seriam as proteínas e suas múltiplas funções, não o DNA e os genes. Os genes são importantes somente porque contêm informação bastante para permitir a síntese dessas proteínas no momento e no lugar apropriados. (Morange, 2001, p.2)

Pode-se mesmo postular que ao menos parte da dificuldade da DST em obter desdobramentos experimentais de sua perspectiva teórica decorra do incômodo – no mínimo, de uma atitude ambígua – de seus adeptos com respeito a um procedimento metodológico (a redução física), que alguns equivocadamente assimilam à perspectiva que combatem (a do determinismo genético e a da sociobiologia), que é metateórica. Mantendo essa confusão, podem pôr a perder a oportunidade histórica de reconectar-se com aqueles pesquisadores sensíveis às complexidades que emergem dos experimentos em biologia molecular e que não subscrevem *a priori* uma agenda ultradeterminista.

Complexidade e biologia de sistemas

Com efeito, como se viu até aqui, é perceptível a confluência dessas duas perspectivas, a da complexidade que se impõe no recesso dos laboratórios que pesquisam as relações entre genoma e desenvolvimento e a da complexidade há anos defendida pelos cientistas que orbitam, de perto ou de longe, os motivos lançados pela DST. Não é preciso muito esforço para detectar similaridades ou, no mínimo, ressonâncias entre as formulações do *interacionismo construtivista* e os esboços e modelos que emergem das pesquisas mais recentes, principalmente em torno da ideia de que o genoma constitui uma entidade complexa e com dinâmica própria, cuja estrutura se encontra em relacionamento não menos complexo e temporalmente determinado com outros níveis de organização biológica, como fenótipos e ambiente (ou melhor, nichos ecológicos definidos por organismos em desenvolvimento).

Assim é que Eörs Szathmáry, um colaborador de John Maynard Smith em obras teóricas de biologia que não adotam a perspectiva DST, sugere buscar nos instrumentos para abordar e quantificar a complexidade de ecossistemas a inspiração para desenvolver modelos capazes de dar conta da conectividade inerente ao genoma e da complexidade biológica em geral, "que poderia ser mais bem explicada considerando redes de fatores de transcrição e os genes por eles regulados, em lugar de simplesmente contar o número de genes ou de interações entre genes" (Szathmáry, Jordán & Pál, 2001, p.1315). Compare-se essa visão com a de genomas "turbulentos" em interação com ambientes idem, tal como proposta por Gabriel Dover num capítulo contra Richard Dawkins de volume organizado pelos "cientistas radicais" Hilary e Steven Rose:

> Muitas adaptações supostamente complexas não são o resultado final da adição de centenas de genes novos em folha, mas sim os produtos de novas permutações combinatórias de um conjunto limitado de módulos não mendelianos livremente flutuantes e amplamente distribuídos. (Dover, 2000, p.69)

Outros críticos da perspectiva DST também chamam a atenção para a importância das propriedades de conectividade e modularidade em redes de interações e da emergência de explicações de tipo topológico tanto na biologia molecular como em outros campos de investigação biológica (Sarkar, 1999, p.173), assim como para a hierarquia de estruturas e escalas (das moléculas aos organismos e até os grupos) em que se engendram complexas funções biológicas (Morange, 2001, p.89-90) – precisamente como fazem Moss (2001, p.94), Keller (2002, p.142-6) e Gould (2002, p.553n), bem mais próximos daquilo que a DST defende como interacionismo construtivista.

Retomando o que diz Strohman (2002, p.701), as condições estão dadas para que a pesquisa nesse campo evolua para uma *biologia de sistemas* (a escolha do nome não é só uma coincidência com o significado da abreviação DST, assim como não o é o fato de ele citar Lewontin e Keller em seu artigo); mais que isso, é o conhecimento emergente dos laboratórios que está a exigir essa transição. Mas o próprio autor alerta que interesses econômicos e institucionais podem dificultar esse desenvolvimento, em favor da manutenção do paradigma da *biologia computacional* (Strohman, 2002, p.703), cujos bancos de dados não conteriam porém informação suficiente para especificar o comportamento de sistemas complexos. Dito de outro modo, o momento adquirido pelo sistema tecnológico genômico pode paradoxalmente engendrar o oposto do que a propaganda em seu favor asseverava e ainda assevera (que, em sua própria operação, o sequenciamento de DNA constitua condição necessária e suficiente do avanço da ciência biológica). Na medida em que se torna hegemônica, e ainda que servindo de esteio para descobertas importantes na genética, essa versão estreita e determinista da biologia molecular pode a partir de agora, na realidade, obstar mais do que promover o entendimento do fenômeno da vida.

3
Armadilhas do determinismo tecnológico

A pergunta sobre a penetração e os limites da tecnologia se tornou um tema recorrente na ciência social no século XX e, já por sua formulação, parece identificar na aceleração tecnológica a raiz da perplexidade que aflige as sociedades contemporâneas. Para todos os efeitos, foi e permanece válido o diagnóstico apresentado em 1964 por Robert K. Merton, na sua introdução à edição norte-americana de *La technique ou l'enjeu du siècle*, de Jacques Ellul: "Não entendendo o que o domínio da técnica está fazendo dele e de seu mundo, o homem moderno é tomado pela ansiedade e por um sentimento de insegurança. Ele tenta adaptar-se a mudanças que não pode compreender" (Ellul, 1964, p.vii). Quatro décadas depois, pode-se afirmar que a proliferação e a sucessão frenética de figuras tecnológicas, sobretudo aquelas que têm por objeto o mundo da vida, potencializaram os fatores etiológicos da ansiedade, mas é difícil sustentar que os homens desta virada de século padeçam de um mal inédito em sua civilização.

Se o século XIX foi marcado por um entusiasmo com a técnica e com sua promessa de progresso para a humanidade (Smith,

1994, p.7), o século XX caracterizou-se por descobri-la também como um vetor de destruição e de regressão social. Havia já no XIX, decerto, uma cultura norte-americana de crítica à ideia tecnocrática de progresso, mas de caráter sobretudo moral, como nos escritos de Ralph Waldo Emerson, Henry Thoreau, Herman Melville e Nathaniel Hawthorne (Smith, 1994, p.26); caberia ao século seguinte, contudo, denunciar *politicamente* o potencial do desenvolvimento tecnológico para disseminar males – não só morais – pelo mundo todo. Ao século XXI, fica reservado o desafio de construir saídas igualmente políticas – se as houver – para esse dilema entre as perspectivas prometeica e fáustica abertas pela tecnologia, como foram designadas por Hermínio Martins (1996a, p.200-1):

> A tradição Prometeica liga o domínio técnico da natureza a fins humanos e sobretudo ao bem humano, à emancipação da espécie inteira e, em particular, das 'classes mais numerosas e pobres' (na formulação Saint-Simoniana). A tradição Fáustica esforça-se por desmascarar os argumentos Prometeicos, quer subscrevendo, quer procurando ultrapassar (sem solução clara e inequívoca) o nihilismo tecnológico, condição pela qual a técnica não serve qualquer objetivo humano para além de sua própria expressão.

Antes de passar ao mapeamento de algumas dessas críticas da tecnologia, cabe reter a atenção por algum tempo sobre a própria ideia da técnica como protagonista da história, como fator central na transformação paulatina ou intempestiva da sociedade, a ponto de levar à cunhagem de neologismos, como "tecnologia" ou "tecnociência", na tentativa de captar melhor essa nova e proeminente configuração de algo tão antigo quanto a espécie humana – seus modos de conceber e modificar objetos naturais. Por ser um elemento quase indissociável da própria noção de modernidade, a tendência é tomar essa centralidade da técnica como algo dado, natural; uma análise mais detida, porém, revela que tal ascensão conceitual não se faz sem dificuldades e considerável polêmica, consagrada como o tema do *determinismo tecnológico*, por sua vez definido como "a crença de que forças técnicas determinam a mudança social e cultural" (Hughes, 1994, p.102).

Por essa visão, a técnica instala-se no âmago do processo social como o impulso dinâmico imanente que move suas engrenagens fundamentais, produção e diferenciação, penetrando até mesmo a esfera da cultura, antes reservada ao domínio do pensamento puro. O esquema tradicional de causação passa a comportar uma inversão, e não é mais somente o pensamento que detém a capacidade de emprestar forma à organização material da vida, mas a própria vida material, corporificada nos utensílios e depois nas máquinas, que se torna capaz de determinar as formas de pensamento. Não faltaram no século XX aqueles que, acossados por uma multidão crescente de máquinas e invenções, puseram a técnica não só no centro como no comando do processo social e, para além dele, da própria história.

Com efeito, como fazem notar Smith & Marx (1994, p.xi) na introdução da coletânea *Does Technology Drive History?* (A tecnologia conduz a história?), tornou-se um lugar comum empregar frases de efeito baseadas nesse raciocínio determinista, como "o automóvel criou o subúrbio" ou "a pílula detonou a revolução sexual", que possuem o atrativo poderoso de remeter processos complexos e abstratos a causas materiais simples. Esses autores propõem uma tipologia dessa espécie de vício intelectual, classificando suas ocorrências nas variedades *hard* (dura) e *soft* (suave). No primeiro caso, determinismo tecnológico estrito,

> a agência (o poder de efetuar mudança) é imputada à própria tecnologia, ou a algum de seus atributos intrínsecos; assim, o avanço da tecnologia conduz a uma situação de inescapável necessidade. ... Para os otimistas, [tal] futuro é o resultado de muitas escolhas livres e a realização do sonho do progresso. (Smith & Marx, 1994, p.xii)

No segundo,

> os deterministas "suaves" começam por nos recordar que a história da tecnologia é a história de ações humanas. ... Em lugar de tratar a "tecnologia" *per se* como o locus da agência histórica, os deterministas suaves a localizam em uma matriz social, econômica, política e cultural muito mais variada e complexa. ... Assim, a agência, tal como concebida pelos deterministas tecnológicos "suaves", está profundamente incrustada na estrutura social e cultura mais amplas – tão profundamente, deveras, a ponto de despir a tecnologia de seu suposto poder como agente independente iniciador da mudança. (Smith & Marx, 1994, p.xiii-iv)

Do volume editado por Smith & Marx sobressai um aspecto importante do determinismo tecnológico: seu caráter eminentemente datado. Esse conceito, ou talvez fosse o caso de designá-lo como estilo interpretativo da história, seria assim fruto ele próprio de uma época histórica, "... aquela do alto capitalismo e do baixo socialismo – *na qual as forças da mudança técnica foram desencadeadas, mas na qual as agências para o controle ou condução da tecnologia ainda são rudimentares*" (Heilbroner, 1994, p.65; grifos do autor).

Esse aspecto historicizado do determinismo tecnológico é corroborado por Leo Marx (1994, p.247-8), que ressalta o fato de o vocábulo "tecnologia", apesar de guardar registros na língua inglesa já em 1615, ter adquirido seu sentido atual somente depois de 1829, sobretudo com o amadurecimento das pretensões meritocráticas das novas áreas profissionais da engenharia e da administração e com sua progressiva entronização na estrutura das universidades – processo que ganharia impulso com a fundação do Instituto de Tecnologia de Massachusetts (MIT) em 1861. Ele correspondeu a uma substituição progressiva da ideia iluminista de uma sociedade mais justa e republicana pela noção tecnocrática de incremento contínuo da tecnologia, que era assim alçada à condição de principal agente de mudança. Ora, precisamente essa equiparação de história com progresso técnico foi denunciada por Rosalind Williams como a base da circularidade da noção de determinismo tecnológico, ou seja, que o desenvolvimento sistemático da técnica move a história porque esta é concebida, na doutrina iluminista, como progresso técnico; mais que isso, tal circularidade encerraria um componente oculto de intencionalidade: "Sistemas tecnológicos podem ser projetados para ser altamente sensíveis a controle humano – ou não. A impotência humana pode fazer parte do projeto [*design*]. O destino pode ser projetado [*engineered*]" (Williams, 1994, p.225).

Como já se pode vislumbrar, negar a autonomia a seres humanos para emprestá-la à técnica ou a seus artefatos pode ter consequências funestas, e passar da visão prometeica da tecnologia à fáustica custa apenas um pequeno passo.

A dialética negativa da Escola de Frankfurt

Pode-se dizer que a interrogação sobre as razões da ausência de mudança social de sentido emancipador, no capitalismo do século XX, animou o cerne do projeto de pesquisa da Escola de Frankfurt, colhida entre a deterioração da Revolução Russa e a gestação do Terceiro Reich. Merece atenção especial, nesse sentido, o sexto e último tema do programa de pesquisa interdisciplinar formulado por Horkheimer, segundo a sistematização apresentada por Habermas (1982, p.555), a saber, a crítica da ciência e do positivismo.[1] Pode-se dizer que esses pensadores alemães introduziram formal e teoricamente na problemática do determinismo tecnológico (ou seja, se a tecnologia é ou não capaz de determinar mudança social) uma segunda disjuntiva, de

---

[1] Os outros cinco temas são: "(a) as formas de integração das sociedades pós-liberais, (b) socialização familiar e desenvolvimento do eu, (c) cultura e meios de massa, (d) psicologia social do protesto silenciado, (e) teoria da arte".

ordem valorativa: a possibilidade de que a potência de efetuar mudança social, transferida dos homens para a técnica, seja ou regressiva ou emancipadora.

A Escola de Frankfurt virou decididamente pelo avesso qualquer otimismo quanto ao potencial da ciência e da técnica para a transformação emancipadora da sociedade. Caudatários da visão crítica do pensamento tecnocientífico por Edmund Husserl e Martin Heidegger, seus teóricos apontam o triunfo da ciência iluminista como condutora do processo de racionalização e desencantamento do mundo. Não um simples esforço de objetividade para destruição dos mitos e da superstição, mas a instituição de uma maneira de ver o mundo que já engendra em si mesma as bases para melhor dispor, não só da natureza, mas dos próprios homens. Como escreveram em 1944 Adorno & Horkheimer (1985, p.20), na *Dialética do esclarecimento*: "A técnica é a essência desse saber, que não visa conceitos e imagens, nem o prazer do discernimento, mas o método, a utilização do trabalho dos outros, o capital. ... O que os homens querem aprender da natureza é como empregá-la para dominar completamente a ela e aos homens." Em 1937, Horkheimer já havia defendido em "Teoria tradicional e teoria crítica" a ideia de que a razão instrumental integra o próprio âmago teórico da investigação científica, não se tratando portanto de algo apensado a ela:

> o que os cientistas consideram, nos diferentes campos, como a essência da teoria, corresponde àquilo que tem constituído de fato sua tarefa imediata. O manejo da natureza física, como também daqueles mecanismos econômicos e sociais determinados, requer a enformação do material do saber, tal como é dado em uma estruturação hierárquica das hipóteses. Os progressos técnicos da idade burguesa são inseparáveis deste tipo de funcionamento da ciência. (Horkheimer, 1980, p.121)

A unificação e homogeneização da natureza para a apropriação por essa razão essencialmente instrumental são correlatas de uma identidade abstrata do sujeito social, em que este se encontra atomizado e isolado, submetido por uma coerção que lhe aparece como emanada da coletividade, e não de um processo determinado de dominação. O pensamento de corte frankfurtiano, na obra de Adorno e Horkheimer, enterra o otimismo racionalista do século XIX numa catacumba, bem longe da mudança social emancipadora:

> A forma dedutiva da ciência reflete ainda a hierarquia e a coerção. Assim como as primeiras categorias representavam a tribo organizada e seu poder sobre os indivíduos, assim também a ordem lógica em seu conjunto – a dependência, o encadeamento, a extensão e união dos conceitos – baseia-se nas relações correspondentes da realidade social, da divisão do trabalho. Só que, é verdade, esse caráter social das formas de pensamento não é, como ensina Durkheim, expressão da solidariedade social, mas testemunho da unidade impenetrável da sociedade e da dominação. ... O todo enquanto todo, a ativação da razão a ele imanente, converte-se necessariamente na execução do particular. A dominação defronta o indivíduo como o universal, como a razão na realidade efetiva. ... É essa unidade de coletividade e dominação e não a universalidade social imediata, a solidariedade, que se sedimenta nas formas de pensamento. (Adorno & Horkheimer, 1985, p.34-5)

Uma proposta teórica que tentava escapar dessa aporia, ou seja, do fechamento das oportunidades de emancipação justamente pelo que antes figurava na tradição marxista como moinho triturador de relações de produção limitadoras do desenvolvimento humano, foi tentativamente formulada em 1941 por Herbert Marcuse. Marcuse parece ter como alvo, no ensaio "Algumas implicações sociais da tecnologia moderna", o determinismo tecnológico em sua vertente progressista, vale dizer, a noção de que o mero desenvolvimento da técnica engendre – por assim dizer, automaticamente – progresso social, que ele rejeita realizando uma distinção entre os conceitos de *técnica* e de *tecnologia*,[2] sendo o primeiro um simples fator do segundo, este sim um aparato em conexão com o dinamismo da sociedade capitalista industrial (e, como será visto, com a dominação).

A primeira implicação dessa separação é que a técnica, de modo isolado, pode ser considerada socialmente neutra: "A técnica por si só pode promover tanto o autoritarismo quanto a liberdade, tanto a escassez quanto a abundância, tanto o aumento quanto a abolição do trabalho árduo" (Marcuse, 1999, p.74). Já a tecnologia não faria sentido senão no contexto da "era da máquina", pois constitui o núcleo do modo de produção que a caracteriza e deve ser entendida como a totalidade dos instrumentos, dispositivos e invenções que caracterizam a era da máquina: "A tecnologia ... é assim, ao mesmo tempo, uma forma de organizar e perpetuar (ou modificar) as relações sociais, uma manifestação do pensamento e dos padrões de comportamento dominantes, um instrumento de controle e dominação" (ibidem, p.73).

Um dos efeitos sociais da crescente mecanização e racionalização da produção, além da concentração do poder econômico, é a corrosão dos padrões de individualidade de corte burguês, baseados na noção de autonomia. Na era da máquina, o imperativo passa a ser cada vez mais o da utilização eficiente do aparato industrial, ao que tudo o mais deve subordinar-se. A racionalidade deixa de ser individualista para se tornar tecnológica e "fomenta atitudes que predispõem os homens a aceitar e introjetar os ditames do aparato" (ibidem, p.77). A tecnologia, portanto, é acima de tudo um veículo de dominação, de homogeneização do pensamento e do comportamento, mas, muito importante, nem por isso Marcuse abre aqui mão do aspecto ou momento emancipador da tecnologia, pois nela sobrevive como

---

2 É curioso notar que Jacques Ellul (1964), anos mais tarde, fará distinção semelhante, escolhendo porém o par trocado de conceitos: tecnologia neutra e técnica como sistema, aparato.

promessa o fator da técnica, que liberta progressivamente os homens das agruras da sobrevivência, do reino da necessidade, e lhes franqueia, ao menos em princípio, o da liberdade e da individuação. Torna-se assim contraditório, e mesmo contrarrevolucionário, combater as locomotivas e outras máquinas:

> A técnica impede o desenvolvimento individual apenas quando está presa a um aparato social que perpetua a escassez, e este mesmo aparato liberou forças que podem aniquilar a forma histórica particular em que a técnica é utilizada. Por este motivo, todos os programas de caráter antitecnológico, toda propaganda a favor de uma revolução anti-industrial servem apenas àqueles que veem as necessidades humanas como um subproduto da utilização da técnica. ... A filosofia da vida simples, a luta contra as grandes cidades e sua cultura frequentemente servem para ensinar os homens a desacreditar nos instrumentos potenciais que poderiam libertá-los. (Marcuse, 1999, p.101)

O próprio Marcuse, contudo, abandonaria em grande medida essa admissão de ao menos um aspecto emancipador na técnica e avançaria no processo de indiciamento da ciência e da técnica como inimigas da transformação social em *One-Dimensional Man* (Homem unidimensional), obra publicada vinte anos depois de *Dialética do esclarecimento* e 23 anos depois do ensaio em que o próprio Marcuse introduzira a distinção entre técnica e tecnologia. Ele passa a fazer desta última, mais que um meio entre outros (como os de comunicação de massa) para a dominação, sua própria essência: "Hoje, a dominação se perpetua e propaga não só por meio da tecnologia, mas *como* tecnologia, e esta fornece a grande legitimação do poder político em expansão, que absorve todas as esferas da cultura" (Marcuse, 1991, p.158). Mais adiante: "Com respeito às formas institucionalizadas de vida, a ciência (pura como aplicada) teria assim uma função estabilizadora, estática, conservadora" (Ibidem, p.165).

Na base desse processo de legitimação da ordem social pela tecnologia estaria uma suposta capacidade inaudita de gerar ganhos continuados de produtividade do trabalho e do padrão de vida, uma generalização do bem-estar (ao menos nas sociedades industrializadas) que não prescinde da desigualdade e da exploração, mas oferece como que um colchão de ar entre a vida na superestrutura e as asperezas de sua base material, permitindo ao modo de produção capitalista deslizar, em sua expansão, sem grandes solavancos. Está-se, assim, tendo em vista o potencial da ciência tanto como força de integração, diante de um candidato plausível para explicar por que a contradição entre o desenvolvimento das forças produtivas e as relações de produção tardou tanto em desembocar na mudança social, ao longo do século XX (e ainda tarda, no XXI).

Como essa capacidade integradora e normalizadora da vida social estaria inscrita na própria estrutura conceitual do pensamento científico, do ponto de vista marcuseano qualquer perspectiva de mudança social deverá enfrentar também – e de pronto – a transformação da própria ciência: "A mudança na direção do progresso, que poderia seccionar esse vínculo fatal [*entre hierarquia racional e hierarquia social*], também afetaria a própria estrutura da ciência – o projeto científico" (Marcuse, 1991, p.166). Um ano depois de *One-dimensional Man*, em 1965, no ensaio "Industrialisierung und Kapitalismus im Werk Max Webers" (Industrialização e capitalismo na obra de Max Weber),[3] a condenação se estende à própria técnica e parece extrapolar os limites do sistema capitalista, adquirindo um alcance quase antropológico:

> O conceito de razão técnica é talvez também em si mesmo ideologia. Não só a sua aplicação, mas já a própria técnica é dominação metódica, científica, calculada e calculante (sobre a natureza e o homem). Determinados fins e interesses da dominação não

---

3 *Kultur und Gesellschaft*, II, Frankfurt, 1965.

são outorgados à técnica apenas "posteriormente" e a partir de fora – inserem-se já na própria construção do aparelho técnico; a técnica é, em cada caso, um projeto histórico-social; nele se projecta o que uma sociedade e os interesses nela dominantes pensam fazer com os homens e com as coisas. Um tal fim de dominação é "material" e, neste sentido, pertence à própria forma da razão técnica. (Apud Habermas, 1993, p.46-7)

A ciência e a técnica voltam a ocupar, assim, o próprio cerne da mudança social com sentido emancipador, *agora porém como entrave*, tornando-se por isso o alvo por excelência da teoria crítica (que manifesta com isso uma espécie de determinismo tecnológico às avessas).

Cabe aqui observar que a primeira metade dos anos 1960, quando foi publicada essa que é uma das obras mais conhecidas e influentes de Marcuse (*One-dimensional Man*), havia sido um período de acentuado pessimismo com a ciência e a tecnologia, sobretudo nos Estados Unidos. É significativa a relação de autores críticos que tiveram obras transformadas em *best-sellers*, como fez notar Mendelsohn (1994): Rachel Carson, com *Silent Spring* (1962); Barry Commoner, com *Science & Survival* (1963); Thomas S. Kuhn, com *A estrutura das revoluções científicas* (1962); Derek J. de Solla Price, com *Big Science, Little Science* (1963). Essa voga não demorou por despertar uma reação dos que tinham uma concepção mais militantemente realista – e progressista em sentido estrito – da ciência e da tecnologia, sobretudo de inconformismo com a condenação da própria atividade investigativa (a razão instrumental de Adorno e Horkheimer) como raiz de todos os males. Diante disso, segundo a narrativa de Mendelsohn (1994, p.161), já em 1967 Marcuse havia recuado de sua posição radical, num ensaio intitulado "The Responsibility of Science".[4] Dois anos mais e já teria revertido plenamente, em *An Essay on*

---

4 In: Krieger, L. & Stern, F. (eds.) *The Responsibility of Power*. New York: Doubleday, 1967.

Liberation,[5] para a posição em que voltava a admitir um papel emancipador para a ciência e a técnica:

> É ainda necessário afirmar que não são a tecnologia, nem a técnica, nem a máquina os motores da repressão, mas a presença neles dos mestres que determinam seu número, a duração de sua vida, seu poder, seu lugar na vida e sua necessidade? É ainda necessário repetir que a ciência e a tecnologia são os grandes veículos da libertação, e que apenas seu uso e sua restrição na sociedade repressiva os transformam em veículos de dominação? (citado em Mendelsohn, 1994, p.162)

Nessa altura já havia sido publicado na Alemanha outro ensaio, por um autor da nova geração da Escola de Frankfurt, Jürgen Habermas, em que este tentava avançar na reflexão a partir de *One-dimensional Man*, mas em sentido menos autorrevisionista, por assim dizer. Trata-se de *Técnica e ciência como "ideologia"* (Habermas, 1993) – um texto de homenagem a Marcuse, publicado apenas quatro anos depois de *Homem unidimensional* –, em que o autor destaca aquela que teria sido a grande percepção de Marcuse, a de que ciência e técnica deixam de figurar como o impulsionador crítico da antiga dialética entre forças produtivas e relações de produção para se converter no seu oposto. Como diz Habermas (1993, p.48),

> as forças produtivas parecem entrar numa nova constelação com as relações de produção: já não funcionam em prol de um esclarecimento político como fundamento da crítica das legitimações vigentes, mas elas próprias se convertem em base da legitimação. *Isto é o que Marcuse considera novo na história mundial.*

Assim, e em continuidade com a interpretação de Adorno, Horkheimer e do Marcuse de *One-dimensional Man*, ele vê nas ciências empíricas modernas "um marco metodológico de referên-

---

5 Boston: Beacon Press, 1969.

cia que reflecte o ponto de vista transcendental da possível disposição técnica" (Habermas, 1993, p.66-7), mas vai além, assinalando "uma crescente interdependência de investigação e técnica, que transformou as ciências *na primeira força produtiva*" (p.68, grifos nossos).

Para Habermas, as consequências dessa reunião de ciência, técnica e produção de valor num mesmo circuito de pesquisa industrial em grande escala (do qual a biotecnologia atual oferece um exemplo ilustrativo, assim como o chamado complexo industrial-militar nas décadas de 1960 e 1970) são o esfumaçamento dos interesses que se prendem à manutenção do modo de produção e a transformação da contradição entre classes numa simples "latência". Ele propõe a substituição da oposição entre forças produtivas e relações de produção por outra, que entende ser mais geral, entre *trabalho* e *interação* (antecipando assim o que desenvolveria, uma década depois, como sua teoria da ação comunicativa). Posicionar a ciência moderna bem no centro da questão da (ausência de) mudança social, como fizera Marcuse, é a maneira de Habermas recusar a necessidade e a direcionalidade – em suma, a filosofia da história – tradicionalmente aderidas à ideia de contradição entre forças produtivas e relações de produção:

> As relações de produção designam um nível em que o marco institucional esteve ancorado, mas só durante a fase do desenvolvimento do capitalismo liberal ... Por outro lado, as forças produtivas, em que se acumulam os processos de aprendizagem organizados nos subsistemas da ação instrumental, foram certamente desde o princípio o motor da evolução social, mas parece que, em sentido contrário ao da suposição de Marx, não representam *em todas as circunstâncias*, um potencial de liberação nem provocam movimentos emancipadores – de qualquer modo, deixam de os provocar desde que o incremento incessante das forças produtivas se tornou dependente de um progresso tecnocientífico, o qual assume também *funções legitimadoras da dominação*. (Habermas, 1993, p.83)

A crítica implícita de Habermas a Marcuse seria a de que este acabou por erigir o que é uma ocorrência histórica – a função legitimadora alcançada pela ciência e pela tecnologia no capitalismo – em algo de transcendental, inerente ao modo de conhecimento voltado para a transformação de objetos naturais. Por isso ele recusa o programa marcuseano de revolução da técnica como precondição da emancipação, pois só existe uma técnica (não se concebe uma *técnica alternativa*) e ela está estruturalmente ligada à ação racional com respeito a fins (Habermas, 1993, p.51-2). A dificuldade não está nela mesma, mas no fato de se ter transformado na primeira força produtiva *e legitimadora*, numa espécie de colonização, pela razão instrumental, da esfera que deveria permanecer reservada para a ação comunicativa, para a interação entre os homens, no que se poderia chamar de *desvio instrumentalista da razão*. Não resta dúvida de que ciência e técnica foram mobilizadas num sistema de legitimação de alta eficácia, mas ainda assim cabe manter as aspas em "ideologia", como faz Habermas no título de seu ensaio, para não ter de abrir mão de algo que afeta o interesse emancipador como tal do próprio gênero humano: "... a dialética da ilustração foi por Marcuse transformada na tese extrema de que a técnica e a ciência se tornam elas próprias ideológicas" (Habermas, 1993, p.84).

Em *Discurso filosófico da modernidade*, de 1985, Habermas viria a dirigir o mesmo tipo de objeção à dialética do esclarecimento de Adorno e Horkheimer. Assim ele apresenta na obra a ótica daqueles autores:

> O mundo moderno, o mundo completamente racionalizado, é desencantado apenas na aparência; sobre ele paira a maldição da coisificação demoníaca e do isolamento mortal. ... A pressão para dominar racionalmente as forças naturais que ameaçam do exterior pôs os sujeitos na via de um processo de formação que intensifica até a desmesura as forças produtivas por mor da pura autoconservação, mas deixa definhar as forças da reconciliação que transcendem a mera autoconservação. A dominação sobre uma

natureza exterior objetivada e uma natureza interior reprimida é o signo permanente do esclarecimento. (Habermas, 2000, p.158)

Para ele, a tese de que o esclarecimento é prisioneiro desde sempre da autoconservação que mutila a razão depende de uma demonstração de que esta "permanece submetida ao ditame da racionalidade com respeito a fins até em seus *mais recentes produtos*" (ibidem, p.159), a saber, a ciência moderna, o direito universalista e a arte autônoma. O erro de Adorno e Horkheimer estaria em "nivelar de modo espantoso" a imagem da modernidade, em sua convicção de que a ciência moderna teria encarnado a realização suprema no positivismo lógico e renunciado às pretensões de validade (emancipadoras), como que tomada apenas por pretensões de poder. O esgotamento da crítica das ideologias diagnosticado pela Escola de Frankfurt, assim, teria desembocado numa paralisia: "se as forças produtivas entram em uma funesta simbiose com as relações de produção, que deveriam um dia rebentar, também não há mais dinâmica alguma na qual a crítica pudesse depositar suas esperanças" (ibidem, p.161-2; p.169).

Risco tecnológico e modernização reflexiva

Desde então, a penetração da tecnociência no mundo da vida só fez avançar. O pessimismo com a ciência e a tecnologia dos anos 1960 recebeu respostas vigorosas do campo da razão instrumental cientificista, com o florescimento e a sofisticação de saberes tecnocráticos, como a análise estatística de riscos. A cibernética e a teoria da informação que tanto intrigavam os pensadores de todos os matizes naquela mesma época condensaram-se na informática, peça central na flexibilização do mundo do trabalho, por sua vez apontada como cerne do novo regime de produção pós-fordista. O próprio domínio da constituição da pessoa, depois de ver-se submetido a inúmeras formas tentativas de controle e adaptação do comportamento oriundas do campo das ciências ditas humanas, cada vez mais reassume a condição de presa legítima das ciências naturais, na exata medida em que o pêndulo *nature vs. nurture* (natureza *vs.* ambiente) volta com força ao primeiro polo da oscilação, que já frequentara no princípio do século XX, quando o paroxismo da explicação naturalista fora alcançado pela eugenia. Dos computadores que racionalizam a produção, mas agravam o desemprego, à engenharia genética que ameaça produzir monstros reais ou imaginários, apesar das curas prometidas, da energia nuclear pós-Chernobyl ao efeito colateral da mobilidade universal alimentada a petróleo (aquecimento global), a esfera da tecnociência não consegue libertar-se de sua ambivalência congênita: à primeira vista, libertadora de forças materiais a serviço dos homens, mas também arquiteta de barreiras para o desenvolvimento das sociedades humanas. Prometeu e Fausto, reunidos numa única máscara de Jano.

Com a crescente complexidade da vida cotidiana provocada pela disseminação da tecnociência nos interstícios do tecido social, não é de admirar que ela permaneça em posição de destaque nas novas formulações do pensamento que buscam compreender e explicar as formas sociais no novo regime de produção. A produção e a substituição de tecnologias não apenas se aceleram como também passam por um processo de "aceleração da aceleração", como lembra Laymert Garcia dos Santos (2001a, p.30), recuperando uma expressão de Buckminster Fuller. Com essa aceleração exponencializada, o esquema tradicional e determinista da contradição entre forças produtivas e relações de produção já não parece dar conta da perda generalizada de referenciais e de formas de integração ou legitimação social. O entrave que o segundo termo dessa contradição representava para a expansão continuada do primeiro como que foi dissolvido, liquefeito, pela turbinagem das forças produtivas no estágio capitalista que Jean-François Lyotard (2000) chamou de pós-modernidade, e outros, de modernidade reflexiva. É o caso de Ulrich Beck (1997, p.13), segundo o qual "o dinamismo industrial, extremamente veloz, está se transformando em uma nova sociedade sem a explosão primeva de uma revolução, sobrepondo-se a discussões políticas de parlamentos e governos".

O movimento teórico-filosófico de afastamento em relação às filosofias da história, empreendido tanto por Habermas quanto por Lyotard e Beck (para citar três nomes representativos de tendências mais recentes do pensamento social pós-Escola de Frankfurt), parece ser correlato de um descolamento objetivo da tecnociência em relação a qualquer *locus* privilegiado de ação ou mudança social que se encontre fora dela. Para Lyotard (2000), seu afastamento das grandes narrativas, especulativa (Hegel) ou emancipadora (Marx), faz que a tecnociência entre no século XX em processo de deslegitimização e fracionamento. Habermas tenderá a encará-la como um caso especial e em certo sentido paradigmático de um conceito de razão comunicativa, "derivada das estruturas da intersubjetividade produzida linguisticamente e concretizada nos processos de racionalização do mundo da vida" (Habermas, 2000, p.482), incompatível com a ideia de uma práxis em si e por si mesma racional. Beck diagnostica um impulso de autonomização que tende a libertá-la até mesmo do vínculo visceral com a indústria:

> A mudança, impossível de ser detida e controlada ..., torna-se a lei da modernidade a que cada um deve se submeter, sob o risco de morte política. ... Pelo menos algo adicional pode ser lançado na arena das possibilidades como uma hipótese que torna o impensável pensável: a tecnologia que deseja escapar do destino de sua "mediocridade", de sua submissão ao jugo do utilitarismo econômico e militar, para se transformar ou ser nada além de pura tecnologia. (Beck, 1997, p.39)

Esta última passagem, ao aventar – seria o caso de dizer: reivindicar – uma reabertura da "arena de possibilidades", toca na ferida aberta do pensamento pós-frankfurtiano, que também parece comum a essas três correntes, a saber, uma clara insatisfação com o imobilismo e pessimismo nada heurísticos e tampouco favorecedores da ação política que, de sua ótica, caracterizam a crítica radical da razão de que trata Habermas:

> As diferenças e oposições estão agora tão minadas, e mesmo desmoronadas, que a crítica, na paisagem plana e descorada de um mundo totalmente administrado, calculado e atravessado por relações de poder, não pode mais divisar contrastes, matizes e tonalidades ambivalentes. ... Todas [*as críticas radicais*] mostram-se insensíveis ao conteúdo altamente *ambivalente* da modernidade cultural e social. (Habermas, 2000, p.470)

Se esses autores resgatam o tema da ambiguidade da racionalização capitaneada pela tecnociência, em que pesem as profundas divergências entre eles, tudo indica que seja para revalidá-lo como fator de abertura para o novo, como espaço reconquistado de ação política – seja na forma de uma nova pragmática de múltiplos jogos de linguagem orientada para a justiça (Lyotard), de fronteiras consensualmente repactuadas na esfera pública entre mundo da vida e sistema social (Habermas), ou, ainda, de uma subpolítica que busque na prática a separação possível entre desenvolvimento e aplicação das tecnologias (Beck). Parecem também ser comuns a essas novas formas de pensar a realidade social dois outros movimentos: o reconhecimento de uma mudança de estatuto da ciência, que sofre um estreitamento conceitual – ainda que paralelo a uma percolação por todos os poros da vida social – e passa a merecer a designação de *tecnociência* (como vem sendo referida neste texto), e também do estatuto da natureza, que vê suas fronteiras com o mundo social serem remarcadas (ou, mais propriamente, borradas).

Um domínio do qual não se podem mais traçar fronteiras claras é também um domínio de incerteza, que franqueia o terreno para uma espécie de ontologia movediça, por assim dizer.

Partindo mais dos efeitos da crise ecológica do que dos debates mais recentes sobre a engenharia genética, Anthony Giddens, Ulrich Beck e Scott Lash registraram logo na introdução de seu *Modernização reflexiva*, obra originalmente publicada em 1994, o processo de incorporação do domínio da natureza na esfera da cultura: "As questões ecológicas só vieram à tona porque o 'ambiente' na verdade não se encontra mais alheio à vida social humana, mas é completamente penetrado e reordenado por ela. Se houve um dia em que os seres humanos souberam o que era a 'natureza', agora não o sabem mais" (Giddens, Beck & Lash, 1997, p.8). Tanto mais seria o caso, hoje, do que antes se chamava de "natureza humana". Mas esse alcance da tecnociência não se reveste apenas de um aspecto negativo (a temática do risco e da insegurança), mas também – e talvez mais importante – de um caráter positivo, no sentido de engendrador de possibilidades. Este ponto é desenvolvido, por exemplo, por Beck, que fala da natureza como "um projeto social, uma utopia que deve ser reconstruída, ajustada e transformada" (Beck, 1997, p.41-2).

É o caso, no entanto, de se deter um pouco sobre o aspecto negativo da tecnociência, sobretudo naquela que parece ser a perspectiva teórica mais elaborada sobre ele, a *sociedade de risco* tal como definida por Beck:

> Este conceito designa uma fase no desenvolvimento da sociedade moderna, em que os riscos sociais, políticos, econômicos e individuais tendem cada vez mais a escapar das instituições para o controle e a produção da sociedade industrial. ... as instituições da sociedade industrial tornam-se os produtores e legitimadores das ameaças que não conseguem controlar. (1997, p.15-6)

A novidade aqui, para além de uma provisória colocação entre parênteses – no momento da análise e do diagnóstico – da segunda disjuntiva referida mais atrás sobre a influência da técnica na história (se ela se faz em sentido emancipador ou regressivo), é uma subversão do conceito habitual de determinismo tecnológico: em lugar de um desenvolvimento lógico da própria técnica exercer um papel enformador sobre a organização material da vida humana e social, são os resultados materiais da progressão tecnológica – na forma irrecorrível de *efeitos colaterais* – que impõem para o pensamento uma consideração *reflexiva* desse processo de desenvolvimento. É o ponto de mutação entre o que Beck define (em *Die Erfindung des Politischen*, de 1993) como modernização simples (objeto tradicional da sociologia) e modernização reflexiva:

> Se a modernização simples significa o desencaixe [*disembedding*] de formas sociais tradicionais e o subsequente reencaixe [*re-embedding*] de formas industriais, a modernização reflexiva significa o desencaixe de formas sociais industriais e o subsequente reencaixe de outras modernidades. ... O motor da transformação social não é mais considerado como sendo a racionalidade instrumental, mas sim o efeito colateral: riscos, perigos, individualização, globalização. (Beck, 1996a, p.22-3)

Enquanto para Horkheimer, Adorno e mesmo Marcuse a crítica da ciência como razão instrumental redunda em pessimismo, por permanecer agrilhoada a uma filosofia da história que não se cumpre, com Beck a crítica da ciência aparece como momento por excelência da reintrodução da reflexão na modernidade, propiciada pelo paroxismo dos riscos engendrados pelo capitalismo industrial. Assume, portanto, posição central na esfera das subpolíticas que Beck acredita investidas da capacidade de fazer avançar a transformação social, tanto no sentido temporal da diferenciação quanto no sentido ético da emancipação. Trata-se de reverter, ainda que parcialmente, o espúrio processo de *desdiferenciação*, que apagou as fronteiras entre ciência básica e pesquisa tecnológica, e degenerou no que se chama de tecnociência, voltando contra essa liga resistente o instrumento cortante da primeira – o ceticismo. Romper com seu monopólio, seus dogmas frágeis (porque corroídos pelo fluido interno da dúvida), sua incongruente infalibilidade é tarefa reservada não tanto para uma sociologia da ciência de corte tradicional, mas para o que Beck define como *sociologia cognitiva*: "a sociologia de todas as misturas, todos os amálgamas e todos os agentes de conhecimento em sua combinação e oposição, suas fundações, suas reivindicações, seus erros, suas irracionalidades, sua verdade, assim como em sua impossibilidade de conhecer o conhecimento que reivindicam" (Beck, 1996b, p.55). Em *Erfindung des Politischen*, essa crítica da ciência será qualificada como uma nova simbiose da filosofia com a vida cotidiana: "O objetivo deve ser o de contrapor a estreiteza mental da ciência de laboratório à estreiteza mental da consciência cotidiana e dos meios de comunicação de massa, e vice-versa" (Beck, 1996a, p.124).

É essa dimensão ética, ou o que Habermas (2000, p.453) qualifica como conteúdo normativo da modernidade e como que uma obrigação transcendental (ibidem, p.451) de realizá-lo, ou ao menos persegui-lo, que parece ter escapado aos pioneiros da Escola de Frankfurt na sua crítica redutora da razão instrumental. Decerto que o projeto moderno foi desde o início assombrado por uma ambivalência fundamental no que concerne à noção de progresso; tampouco se pode negar que a ciência esteja hoje diretamente engajada na geração de ondas tecnológicas que são ao mesmo tempo ondas de legitimação, ou que o progresso técnico implique certa regressão da moralidade (Santos, 2003), ou ainda que um tipo de "gnosticismo tecnológico" – a promessa de superar a finitude e a contingência do que é humano – sirva sobretudo à legitimação das operações da própria tecnociência contemporânea (Martins, 1996a, p.172). O importante é que essa constatação não impede (antes estimula e exige) a busca de entendimento e de soluções para as *ambivalências* da modernização (Beck, 1997, p.21; Habermas, 2000, p.469-70; Giddens, 1991, p.19), pois isso é o que garante a permanência de ao menos um vetor de emancipação. Desse ponto de vista, é preciso mais, e não menos, modernidade; aprofundar e expandir a razão para além da razão instrumental, e não abandoná-la.

A questão do *momento*

Nesta altura, é preciso retomar a problemática do *determinismo tecnológico*, definido anteriormente como "a crença de que forças técnicas determinam a mudança social e cultural" (Hughes, 1994, p.102), ou seja, de que a técnica, a tecnologia ou a tecnociência possuam tanto ou mais autonomia do que os homens em sociedade, tornando-se um fator estranho a eles e mesmo capaz de determinar à sua revelia os rumos da mudança social e da história, determinação esta que em geral se concebe como negativa (contrária ao interesse emancipador). Embora referindo-se especificamente ao pessimismo tecnológico do pós-modernismo, Leo Marx estabelece uma relação entre essa concepção negativa e a impotência diante da tecnologia descontrolada que parece válida para todas as noções *fáusticas* do problema, para retomar o termo de Hermínio Martins: "Foi um pessimismo cujo tom peculiar derivava da incapacidade da cultura opositora, em que pese todo o seu surpreendente sucesso em mobilizar os movimentos de protesto dos anos 60, para definir e sustentar um programa antitecnocrático eficaz de ação política" (Marx, 1994, p.255). Dito de outro modo: *o determinismo tecnológico é uma precondição do pessimismo tecnológico*; é preciso estar convencido de que a tecnologia tem o poder de conduzir a sociedade humana para convencer-se de que ela a conduz necessariamente para o abismo.

Restam, é evidente, as opções *prometeicas*. Filosófica e sociologicamente, contudo, não há mais como sustentá-las no mundo atual, seja pelo vigor inegável do pensamento crítico da tecnociência, sobretudo no segundo pós-guerra, seja pela proliferação e acúmulo de riscos e danos tematizados por Ulrich Beck. Cabe notar, no entanto, que tanto Beck quanto Habermas e Martins conduzem suas análises no sentido de não sucumbir nem ao pessimismo (frankfurtiano ou pós-moderno), nem a um construcionismo relativista que estigmatiza e desengana no nascedouro toda e qualquer iniciativa crítica; nos três casos, e apesar de muitas e profundas diferenças, busca-se manter aberta uma fresta prometeica para a tecnologia, mesmo em meio à mais devastadora análise da tecnociência. Sem ela, parecem dizer, só resta renunciar em definitivo e na totalidade ao projeto moderno – numa palavra, à *emancipação* –, o que não parecem dispostos a fazer.

Manter tal convicção na necessidade de relançar o programa da modernidade, enfim, parece exigir que se abra mão do próprio determinismo tecnológico, ou pelo menos que se reivindique uma subscrição de sua versão "suave". Sem reservar uma paridade mínima de espontaneidade para os homens em sociedade, diante dos sistemas tecnológicos, tornar-se-ia inviável qualquer perspectiva de ação visando a seu controle ou sua orientação. Por outro lado, é inegável que a tecnociência tornou-se onipresente na vida social da virada do século XX para o XXI, penetrando e acarretando alguma dose de risco para todas as esferas da vida social e individual, como um fator estranho a elas e, para quase todos os efeitos, *fora de controle*. Uma saída para essa aporia do determinismo tecnológico, no entanto, pode estar na rejeição da própria dicotomia espontaneidade humana *versus* autonomia da máquina:

> Sistemas tecnológicos evoluem tanto em trajetórias de curto prazo quanto em arcos de longo prazo de modos que se assemelham à evolução ou a instituições humanas, produtos do desígnio humano que no entanto não são inteiramente pretendidos, planejados ou compreendidos de forma abrangente por ninguém. ... Talvez seja mais adequado dizer que nós coevoluímos com a tecnologia, em lugar de simplesmente criá-la ou instrumentalizá-la. (Martins, 1996b, p.237)

Movimento conceitual similar é realizado por Hughes (1994, p.113), para quem os sistemas tecnológicos são comparáveis às grandes burocracias que mereceram a atenção de Weber, com o agravante de adquirirem grandes infraestruturas físicas e técnicas, o que as torna ainda mais rígidas. Na sua visão, esses sistemas não adquirem *autonomia* (em relação aos homens), mas sim *momento*:

> Eles têm uma massa de componentes técnicos e organizacionais, possuem direção, ou objetivos, e exibem uma taxa de crescimento que sugere velocidade. Um alto nível de momento leva observadores com frequência a presumir que um sistema tecnológico se tenha tornado autônomo. Sistemas maduros têm uma qualidade que é análoga, portanto, à inércia do movimento. (Hughes, 1999, p.76)

Algo de crucial a assinalar, aqui, é que o autor considera como parte importante da superioridade do conceito de *momento* sobre o de autonomia que o primeiro implique ao menos a possibilidade de *perda (ou quebra) de momento*, dando como exemplo a reação social à energia nuclear na segunda metade do século XX (1999, p.80), que acabaria por desviá-la de uma trajetória que a certa altura pode ter parecido irresistível.

Sistemas tecnológicos, em resumo, por gigantescos e maciços que sejam e pareçam, não são inamovíveis, nem tampouco se encontram *inteiramente* fora do controle humano e social. Sua reorientação exige que se repensem as bases da política, como defende Beck.

Biotecnologia, a Nova Era

Anthony Giddens, Ulrich Beck e Scott Lash destacaram logo na introdução de seu *Modernização reflexiva*, como já ficou registrado anteriormente, o processo de incorporação da natureza pela cultura: "Se houve um dia em que os seres humanos souberam o que era a 'natureza', agora não o sabem mais" (Giddens, Beck & Lash, 1997, p.8). Esse alcance da tecnociência não se reveste, porém, apenas de um aspecto negativo, dissolvedor (a temática do risco e da insegurança), mas também – e talvez mais importante – de um caráter positivo, no sentido de engendrador. Este ponto é tematizado por Beck, que destaca o papel cada vez mais central da engenharia genética (e mais recentemente, caberia acrescentar, da genômica) na transformação da sociedade:

> A qualidade do político que está emergindo aqui é capaz de mudar a sociedade em um sentido existencial. Se os desenvolvimentos da biologia e da genética continuam sendo implementados apenas como demanda do mercado, da constituição, da liberdade de pesquisa e da crença no progresso médico, então o efeito cumulativo será, e não por decisão parlamentar ou governamental, uma profunda mudança "genética" da sociedade, no sentido mais verdadeiro da palavra. (Beck, 1997, p.62)

Não é pacífica, no entanto, a atribuição de centralidade para a engenharia genética na transformação social em curso. Na realidade, dois complexos técnicos concorrem hoje pela primazia de explicar o que mais uma vez se percebe como uma revolução tecnológico-social: a internet e a biotecnologia. A seção seguinte se ocupará principalmente da segunda, a mais problemática, entre outras razões porque, embora sendo objeto de copiosa literatura de ocasião, em geral não se qualifica como um fator de transformação sistêmica, capaz de alterar profundamente os regimes de produção e trabalho, como se especula da teia mundial de computadores; quando muito, a biotecnologia costuma aparecer revestida de potencial para refundar a medicina e a agricultura, que de artes milenares enfim se converteriam em ciências exatas – o que já não seria revolução medíocre (ainda que setorial), seja pelos efeitos práticos, seja pelos simbólicos.

A biotecnologia não é em geral alçada a altitudes tão rarefeitas quanto a de uma imagem proveniente do mundo da informática (a chamada realidade virtual), que se desfaz da materialidade técnica e histórica em que surgiu para inverter a clássica explicação pela origem, inaugurando algo como uma iluminação retrospectiva pela consequência. Houve, por certo, tentativas de des-historicizá-la, analogamente, como no argumento frequentemente avançado por defensores da biotecnologia na agricultura segundo o qual a confecção de plantas geneticamente modificadas nada mais seria do que a evolução normal – apenas com a incorporação de métodos mais precisos (a engenharia genética) – do melhoramento milenar de plantas e animais, baseado em cruzamentos de variedades. Ou seja, que a biotecnologia sempre teria existido e se confundiria com a prática da agricultura e, por que não, com a própria humanidade. Mais comuns e mais articulados, porém, são os esforços para colocar a biotecnologia no centro da dinâmica social atual, imprimindo-lhe um aspecto revolucionário, como na "nova matriz" de que fala Jeremy Rifkin em *The Biotech Century*:

> O Século da Biotecnologia traz consigo uma nova base de recursos, um novo conjunto de tecnologias transformadoras, novas formas de proteção comercial para estimular o comércio, um mercado de trocas global para ressemear a Terra com um segundo Gênese artificial, uma ciência eugênica emergente, uma nova sociologia de suporte, uma nova ferramenta de comunicação para organizar e administrar a atividade econômica no nível genético e uma nova narrativa cosmológica para acompanhar a jornada. (Rifkin, 1998, p.9-10)

No final dos anos 1980, a questão sobre a centralidade da biotecnologia havia alimentado uma polêmica esclarecedora (Fransman, Junne & Roobeek, 1995) iniciada por Frederick H. Buttel, que, contra a corrente entusiasmada com as potencialidades desse campo técnico, negou-lhe a condição de fator comparável à informática na conformação da nova economia em nascimento – um vínculo que, na sua descrição, se apoiava apenas numa forma "casual" de pensamento. A biotecnologia não só teria seu escopo econômico limitado a processos e produtos baseados em fatores biológicos, ou por eles substituíveis, como ainda carregaria um pecado original: vincular-se a setores em declínio da economia global, como a agricultura e a indústria química/farmacêutica. Não seria assim "revolucionária" nem capaz de "fazer época":

O motor elétrico, por exemplo, permitiu a manufatura com linhas de montagem e de massa, que contribuiu para a formação da classe operária industrial, e levou a categorias inteiras de novos produtos. ... A microeletrônica e as novas tecnologias da informação podem augurar mudanças comparáveis, mas a biotecnologia, que é principalmente uma tecnologia de substituição, provavelmente não o fará. (Buttel, 1995, p.34)

Em primeiro lugar, a importância futura da biotecnologia estará na *racionalização* de um grupo de setores manufatureiros primários e tradicionais, em paralelo com a transição para uma economia mundial baseada em parte considerável na nova microeletrônica e nas tecnologias da informação. Em segundo lugar, a biotecnologia será uma tecnologia subordinada, subsidiária ou derivativa das relações sociais das tecnologias da informação predominantes. (Buttel, 1995, p.40)

Uma resposta vigorosa a Buttel partiu de Annemieke J. M. Roobeek, para quem a biotecnologia é integrante pleno da associação de tecnologias fundamentais (*core technologies*), "que não só alteram dramaticamente a base tecnoindustrial corrente como também fazem pressão sobre a estrutura socioinstitucional existente para se ajustar a uma nova ordem de manufatura, ação, consumo e comunicação" (Roobeek, 1995, p.63). Sua visão é a de que a aparente subordinação da biotecnologia decorre de ser ela ainda "embrionária", como a tecnologia de novos materiais (a terceira perna do tripé, que hoje cada vez mais se confunde com a nanotecnologia), situação que deverá alterar-se com a futura dependência do campo informático em relação a inovações biotecnológicas e o contínuo esfumaçamento – provocado pela complementaridade e pela convergência dessas três tecnologias – das fronteiras setoriais estipuladas para descrever um regime anterior de produção, o fordismo. Mais, ainda: o que define essa tríade como unidade histórica e técnica, como o motor da transição para uma nova economia, é a sua capacidade de oferecer soluções para o que Roobeek chama de "problemas de controle" do fordismo (o que hoje talvez se designasse como uma questão de *sustentabilidade*, ou um eco da temática do risco em Ulrich Beck), aportando miniaturização, flexibilidade, desmaterialização, minimização de rejeitos e design customizado: "Nossa tese é que a ascensão dessas três novas tecnologias fundamentais, entre as quais está a biotecnologia, não é um acidente, mas sim que a dinâmica por trás dessa ascensão deve ser buscada nas limitações dos conceitos tecnoeconômicos dominantes precedentes" (Roobeek, 1995, p.73). Eis como a biotecnologia contribui ou deverá contribuir para a estabilidade do tripé:

> O poder derivado da capacidade de controlar e manipular a natureza, assim como o benefício da baixa intensidade energética e da possibilidade de usar materiais substituíveis como material de base da indústria, deixa fora de dúvida que muitos setores ou usarão ou serão influenciados pelas novas técnicas biotecnológicas. Já 40% dos bens produzidos em países industrializados têm base biológica. As novas aplicações certamente elevarão ainda mais essa cifra. (Roobeek, 1995, p.73)

Em verdade não chega a se instaurar uma contradição entre as visões representadas por Buttel e Roobeek. Ambos concordam em que a relevância econômica atual da biotecnologia é incomparável com a da informática, e o próprio Buttel admite que eventuais inovações futuras, aí sim "revolucionárias", podem alterar a situação que o compele a subordinar aquela a esta (seria o caso de questionar se enzimas biotecnologicamente desenvolvidas para converter celulose em etanol, se e quando forem criadas, não se encaixariam nesse figurino revolucionário, na medida em que poderiam contribuir para desfazer o gargalo energético dos combustíveis fósseis). Outra uniformidade aparente entre os dois lados, esta mais surpreendente, está no fato de que ambos parecem ter em mente o paradigma da agricultura, quando abordam a biotecnologia, em particular as variedades vegetais geneticamente modificadas que então debutavam com alarde no mercado norte-americano do agronegócio.

Hoje, uma imagem-feixe mais representativa da biotecnologia deve ser encontrada na genômica, que, com a promessa sempre reiterada de revolucionar diagnósticos e tratamentos de saúde, pode vir a derrubar as objeções de Buttel quanto ao "substitucionismo" da biotecnologia e à sua alegada incapacidade de penetrar no dinâmico setor de serviços. O autor chega a conceder que a biotecnologia possa levar a grandes mudanças na indústria de fármacos e que esse seria o único setor realmente dinâmico passível de ser afetado por ela (Buttel, 1995, p.36-7), mas prevê que este também entrará em declínio, com a derrocada do *welfare state* e a consequente desmobilização dos serviços nacionais de saúde pública – no que é contraditado por Gerardo Otero, que assinala o fato de custos de assistência médica abocanharem fatias cada vez maiores do produto interno bruto dos Estados Unidos, por exemplo, acima de 10% (Otero, 1995, p.48). O ponto de vista de Buttel foi corroborado, mais recentemente, por Nightingale & Martin (2004), que veem no efeito da biotecnologia sobre a indústria farmacêutica não uma revolução, mas um processo incremental de substituição tecnológica. De todo modo, a conclusão de Buttel é que a biotecnologia não terá como surtir efeito econômico de peso nas próximas duas ou três décadas, o que não se mostra de todo incompatível com a visão de Roobeek, para quem isso fatalmente ocorrerá, a partir de horizonte de tempo similar. Um enfatiza o aspecto negativo, segundo o qual a biotecnologia terá dificuldade para se tornar economicamente hegemônica nesse prazo; a outra, positiva, prevê que isso acontecerá ao cabo do período.

Há também muita concordância entre ambos no diagnóstico de que as grandes transformações a serem induzidas pela biotecnologia terão caráter sobretudo sociológico, por assim dizer extratécnico. De acordo com Buttel, "a defesa da natureza não revolucionária da biotecnologia não deve ser vista como o equivalente de argumentar que a biotecnologia ... desempenhará papel sem importância na mudança social, ou que a biotecnologia deixará de ter grandes efeitos sociais" (Buttel, 1995, p.29). Já para Roobeek, o viés meramente econômico não tem a capacidade de esgotar a compreensão das relações entre transformação técnica e mudança social. Do ângulo do futuro, ela tem mais influência a exercer do que permite a esfera acanhada da produção:

> Mas, embora as novas tecnologias fundamentais [*core technologies*] possam fornecer uma resposta a muitas das limitações técnicas do fordismo, a própria tecnologia nunca poderá ser uma cura para um conceito de controle em declínio, uma vez que os problemas do fordismo não são puramente técnicos, mas estão relacionados com mudanças no quadro político-econômico, assim como as normas e valores cambiantes no contexto social mais amplo e o ambiente. (Roobeek, 1995, p.81)

"Para além do substitucionismo, a engenharia genética está levando cientistas e industrialistas a reconceituar *o que é vida*", resume Otero (1995, p.55).

Genômica e sociedade

A biotecnologia só se torna protagonista inconteste, assim, quando se encontram em tela seus efeitos sociais e culturais, mais marcadamente as promessas e os temores que suscita. Foram esses os ingredientes que atraíram tanta atenção pública para a divulgação dos resultados preliminares do Projeto Genoma Humano (PGH) e da iniciativa concorrente da empresa privada norte-americana Celera, que fizeram de 2000 o aclamado Ano do Genoma. Entre o anúncio da finalização de um "rascunho" da sequência de "letras" químicas que compõem o repertório de especificações para o desenvolvimento de um ser humano, numa cerimônia para a imprensa, em 26 de junho de 2000, de que participaram o presidente norte-americano Bill Clinton e o premiê britânico Tony Blair (este por meio de um *link* de satélite), e a publicação dos artigos científicos com os dados propriamente ditos, em meados de fevereiro de 2001, a genômica ocupou o proscênio da ciência como empreendimento épico, atividade do espírito que descortina o enredo oculto da natureza – nos casos de retórica mais inflamada, da própria natureza humana. De posse do que se supõe ser o código-fonte da espécie, a humanidade estaria em posição de começar a subjugar uma pletora de doenças, a principiar pelo câncer, atacando-as com suas próprias armas, as da bioquímica, e conquistando por sua força um território de grande importância simbólica no reino da necessidade a que (ainda) estão confinados os homens.

A aparência pública do genoma humano é fundamentalmente positiva e beneficiária da promessa de vastos benefícios, mas não imune à ansiedade que ronda as tecnologias e suas aplicações, pois a genômica nasce no epicentro das biotecnologias e de suas ramificações no domínio pantanoso da engenharia genética. Assim como a internet, constituída com base em uma rede criada com fins estratégico-militares,[6] o PGH também traz do berço essa marca de ambivalência social e de fruto do intervencionismo estratégico na esfera da tecnociência.

Institucionalmente, o PGH começou a surgir em outubro de 1985, num escritório do Departamento de Energia (DOE, o mesmo que conduzira o Projeto Manhattan) chefiado pelo físico Charles DeLisi,[7] a quem teria ocorrido a ideia de criar um instrumento para comparar, letra por letra, o patrimônio genético dos pais com o de uma criança portadora de doença genética, para tentar detectar aquelas alterações envolvidas no surgimento da doença. O PGH, sugere sua gênese, é fruto de um arrefecimento

---

6 A Arpanet, montada no final dos anos 1960 por um órgão do Departamento de Defesa norte-americano, a Advanced Research Projects Agency (ARPA). Esta, por sua vez, havia sido criada para suscitar a reação tecnológica dos Estados Unidos ao feito soviético do lançamento do satélite Sputnik, em 1957.

7 Office of Health and Environment, cuja divisão de biociências no Los Alamos National Laboratory havia estabelecido em 1983 o GenBank (Kevles & Hood, 1993, p.18).

da Guerra Fria e da necessidade de formular um projeto de pesquisa biológica *big science* à altura do Projeto Manhattan e capaz de concorrer com os imensos aceleradores de partículas que estavam então em voga:

> O departamento apoiou DeLisi quando, em 1986, ele apresentou um plano para um ambicioso programa de genoma humano de cinco anos no DOE. ... Em setembro de 1987, o secretário de Energia determinou o estabelecimento de centros de pesquisa sobre o genoma humano em três dos laboratórios nacionais do departamento: Los Alamos, Livermore e Lawrence Berkeley. A investida do departamento no trabalho sobre o genoma encontrou apoio entusiasmado do senador Pete Domenici, do Novo México, um defensor tenaz dos laboratórios armamentistas nacionais de seu Estado que se preocupava com o destino dessas instituições no advento da paz. Domenici pôs o Projeto Genoma Humano na agenda do Congresso ao conduzir audiências públicas sobre a questão, no mesmo mês da determinação do DOE, e ao propor um projeto de lei com vistas a promovê-lo em conexão com uma revitalização geral dos laboratórios nacionais. (Kevles & Hood, 1993, p.23)

Além desse pecado original, a genômica e seu séquito de promessas biotecnológicas e biomédicas ocupam hoje posto central e nevrálgico na representação social da tecnociência, o estágio atual da pesquisa organizada que, à diferença do século XIX, engata a investigação científica no motor do avanço técnico-produtivo, enquadrando-se decididamente na estratégia materialista de pesquisa apoiada na valorização moderna do controle de que fala Lacey (1998, 1999). Isso põe por terra o sistema de dicotomias que dava solidez à sua representação tradicional: ciência *vs.* técnica, natureza *vs.* sociedade, vida *vs.* tecnologia. Uma ciência que não se limita a explicar coisas, mas já o faz em condições de mobilizá-las, apropriá-las e modificá-las no processo de produção. Qual outro ramo se prestaria melhor ao papel de protótipo dessa tecnociência impetuosa, senão aquele que invade com um projeto utilitarista o âmago mesmo dos seres vivos?

Como a maior parte da ciência moderna, [o PGH] está profundamente imbricado com avanços tecnológicos no sentido mais literal. ... O segundo sentido de tecnológico é o mais importante e interessante: o objeto a ser conhecido – o genoma humano – será conhecido de modo a poder ser *alterado*. Essa dimensão é cabalmente moderna; pode-se até dizer que ela exemplifica a definição de racionalidade moderna. Representação e intervenção, conhecimento e poder, entendimento e reforma estão embutidos desde o início como objetivos e meios simultâneos. (Rabinow, 1992, p.236)

O potencial perturbador de valores e representações contido na engenharia genética parece inesgotável. Os anos 1980 e 1990 estiveram repletos de controvérsias públicas e jurídicas desencadeadas por movimentos bruscos e imprevisíveis – diante da marcha lenta da esfera pública – oriundos dos laboratórios de pesquisa. Do patenteamento de seres vivos, inaugurado nos Estados Unidos em 1980 com a decisão da Suprema Corte em favor de Ananda Chakrabarty e da General Electric, protegendo uma bactéria modificada para degradar petróleo derramado (Rifkin, 1998, p.41-3), à disputa jurídico-regulatória sobre alimentos transgênicos no Brasil, a genética se revelou em duas décadas uma central dissolvedora de convenções e convicções em vários domínios da vida social: economia, direito, saúde, ambiente, reprodução, alimentação.

Para toda uma corrente crítica das biotecnologias, a informação genética que jorra dos sequenciadores automáticos do PGH e flui pela internet para o GenBank é menos um conteúdo de conhecimento do que precondição para a abertura do domínio da vida à lógica proprietária da reprodução capitalista, por intermédio da propriedade intelectual, processo que já foi comparado com um cercamento (*enclosure*) do patrimônio biológico comum (*biological commons*). Embora não se restrinja ao genoma humano, pois está em curso uma corrida internacional pelo sequenciamento e patenteamento do DNA de inúmeros organismos, do camundongo e da mosca drosófila às bactérias como a *Xylella fas-*

tidiosa (esta no Brasil, em projetos genoma fomentados pela Fundação de Amparo à Pesquisa do Estado de São Paulo, Fapesp), é sobre o ser humano que se fariam sentir os efeitos mais desarticuladores dessa espécie de colonização. Desmaterializado e reduzido à informação entesourada no recôndito dos núcleos de suas células, o indivíduo estaria em processo de dissolução:

> Não é só o cidadão que, reduzido à condição de consumidor cativo, fica superexposto e tem a sua privacidade violada. Na verdade, na nova economia, a própria existência do indivíduo é posta em questão. Aqueles que processam a sua vida descendo a níveis microscópicos não o concebem mais como sujeito, mas sim como gerador de padrões informacionais que é preciso manipular; aos olhos de quem opera com o valor do tempo de vida, o indivíduo dissolve-se em fluxos de dados. Entretanto, não é só no plano da informação digital que o indivíduo desaparece – também no plano da genética assistimos à sua desintegração. (Santos, 2000, p.37)

Vê-se assim, dessa perspectiva, que por intermédio da noção de *informação* (digital e genética) a genômica se reencontra com a informática, agora concebidas não mais como princípios concorrentes na capacidade de explicar a desconcertante transformação social contemporânea, mas como o par de trilhos gêmeos que determinaria o curso do bólido informacional. Se redes de computadores ubíquas passam a condicionar e potencializar de forma inaudita as trocas desmaterializadas entre os homens, segundo essa visão, a bioinformática aliada à engenharia genética permitiria interferir nas próprias bases (até então incondicionadas, fruto da interação ao acaso de forças da natureza) da constituição da pessoa, num mercado de serviços eugênicos ou ortogênicos (um passo além da farmacogenômica, que leva da correção *a posteriori* do "mau funcionamento" de certos genes, por meio de drogas, à prevenção de sua transmissão intergerações). Dentro dessa concepção, a genômica adquiriria o peso de um fator estruturante da sociedade e de sua transformação, menos pela ponta da base econômica do que pelo flanco da formação dos sujeitos e, por seu intermédio, da sociabilidade (sobretudo com a crescente e vigorosa crença nas promessas deterministas de identificar e até manipular genes associados com comportamentos). Teria efeitos não apenas simbólicos sobre a cultura, como no caso dos valores, mas, potencialmente, efeitos que poderiam ser materialmente inscritos nos seus produtores.

A abordagem mais produtiva para avançar no entendimento dos efeitos sociais da genômica não é fazer dela, da biotecnologia ou de sua convergência com a informática fatores determinantes e centrais da estrutura e da mudança social, nem decidir de antemão que sua influência será necessariamente restritiva das potencialidades e aspirações humanas, mas adotar a atitude que Paul Rabinow (1992, p.237) qualifica como "etnográfica", ou seja, descrever como se transformam as práticas sociais e éticas à medida que o PGH avança. Sua resposta é que o binômio genômica/engenharia genética se afigura muito mais poderoso para entranhar-se no tecido social do que as práticas médicas tradicionais e as muitas analogias biologizantes (como no caso do darwinismo social e da eugenia) empregadas para explicar a mudança social:

> A nova genética deixará de ser uma metáfora biológica para a sociedade moderna e se tornará, em lugar disso, uma rede circulatória de termos de identidade e sítios de restrição, em torno dos quais e por meio dos quais um tipo verdadeiramente novo de autoprodução emergirá, que eu chamo de "biossocialidade". Se sociobiologia é a cultura construída sobre a base da metáfora da natureza, então na biossocialidade a natureza será modelada a partir da cultura entendida como prática. (Rabinow, 1992, p.241)

Parafraseando um velho lugar-comum do pensamento social, seria o caso de concluir aqui que Edward O. Wilson, criador do termo "sociobiologia" e autor de *On Human Nature* (Wilson, 1978), se limitou a interpretar a biologia do homem (tomando-o portanto como um absoluto, como o incondicionado), quando se trata agora de modificá-la. O que Rabinow tem em foco é a emergência de novas formas de circunscrever e promover conceitos de normalidade, em que as noções de *handicap* ou doença genética ganham importância crescente, dentro do que Robert Castel (citado por Rabinow, 1992, p.243) chama de "administração tecnocrática de diferenças", em que "administração" talvez se deva entender também no sentido prescritivo, médico, do termo:

> Prevenção, então, será a vigilância não do indivíduo mas de prováveis ocorrências de doenças, anomalias, comportamento desviante a ser minimizado e comportamento saudável a ser maximizado. Estamos parcialmente nos afastando da velha vigilância face a face de indivíduos e grupos sabidamente perigosos ou doentes (para propósitos disciplinares ou terapêuticos), em direção à projeção de fatores de risco que desconstruam e reconstruam o sujeito individual ou grupal. (Rabinow, 1992, p.242)

Mais que uma possibilidade aberta pela genética, a ser realizada em um futuro mercado de serviços ortogênicos (pelas vias da terapia gênica ou da biópsia genética de embriões para sua seleção, e não mais no quadro de programas centralizados e mandatórios de eugenia), tal administração representa para alguns até mesmo um imperativo de ordem ética: deixar de pesquisar e pôr em prática as geneterapias seria um crime de lesa-humanidade. Dulbecco acredita até mesmo que exista algo como uma injustiça genética: "A responsabilidade pelos indivíduos deficientes deve ser assumida pela sociedade, não porque ela tenha alguma culpa pela injustiça genética, mas porque o *pool* que lhes forneceu os genes anômalos pertence à coletividade humana" (Dulbecco, 1997, p.210).

Cabe agora retomar a questão de fundo: pode uma tecnologia como a genômica definir ou condicionar significativamente uma forma de organização social, ou no mínimo a direção de sua mudança? Pode-se dizer que sim, mas somente se tal conclusão se ativer ao aspecto socialmente engendrador da genômica e não extrapolar com isso os limites de sua condição de um componente entre outros da mudança social, como se procurou demonstrar anteriormente. Erigir essa tecnologia em pilar refundador da sociedade implicaria desconhecer a sua relativa desimportância para a esfera da economia, ao menos no horizonte das próximas décadas (e diante da performance ainda acanhada do setor farmacogenômico). Renunciar antecipadamente à tentação de cunhar uma Era do Genoma não isenta o pensamento social, contudo, de captar o potencial dessa tecnociência em fase de constituição para influenciar e mesmo constituir novas formas de sociabilidade. Seu papel, no caso, passa a ser o de inventariar as implicações e antecipar-lhes os contornos, subsidiando com isso um debate esclarecido sobre as consequências da tecnologia, antes que elas se tornem fatos consumados e possam vir a ser percebidas como um destino – uma desgraça – que se abate sobre os homens, e não mais como parte de uma obra coletiva para enfrentar o império da necessidade. Como se verá a seguir, essa missão tem sido abraçada de forma decidida, ainda que não conclusiva, por pensadores dos mais variados quadrantes, movidos sobretudo pela interrogação sobre os efeitos das biotecnologias sobre a tradicional fronteira entre natureza e cultura.

Natureza vs. Cultura

Poucas coisas na filosofia e nas humanidades têm uma história tão estabelecida – e ao mesmo tempo tão problematizada – quanto a distinção entre vida natural e vida em sociedade, ou, em menos palavras, entre Natureza e Cultura. Pode-se mesmo dizer que essa dicotomia repousa na base do conjunto de disciplinas nascentes que, a partir do final do século XIX, viria a ficar conhecido como *ciências sociais* (sociologia, antropologia, ciência política). Considere-se, a título de exemplo, a célebre conceituação de *fato social* oferecida em 1895 por Émile Durkheim:

> Aqui está, portanto, um tipo de fatos que apresentam características muito especiais: consistem em maneiras de agir, pensar e sentir exteriores ao indivíduo, e dotadas de um poder coercivo em virtude do qual se lhe impõem. Por conseguinte, não poderiam ser confundidos com os fenômenos orgânicos, visto consistirem em representações e ações; nem com os fenômenos psíquicos, por estes só existirem na consciência dos indivíduos, e devido a ela. Constituem, pois, uma espécie nova de fatos, aos quais deve atribuir-se e reservar-se a qualificação de *sociais*. Tal qualificação convém-lhes, pois, não tendo o indivíduo por substrato, não dispõem de outro para além da sociedade ... (1978, p.88)

Infere-se daí que a vida em sociedade pressupõe, decerto, a existência puramente orgânica, por assim dizer animal, mas dela prescindiria como categoria explicativa na medida em que o fato social se realiza num plano superior, tecido pelas determinações de uma substância diversa, supraindividual, mas ainda assim constituída de maneiras de agir, pensar e sentir: representações e ações. Numa palavra, *cultura*.

Bater-se pela independência do objeto das ciências sociais tem como contrapartida reservar o domínio do natural para um ramo diverso de investigação, apropriadamente designado como ciências *naturais* – no que diz respeito aos seres humanos, o campo da biologia e da psicologia experimental (hoje talvez se prefira a designação de *neurociência*). Objetos diversos, objetivos e métodos idem, como resume Renato Janine Ribeiro (2003, p.18): "as ciências naturais terão, como conceito-chave, o de natureza (*physis*) – algo que se pretende descobrir, controlar, manipular. E as ciências humanas se concentrarão no conceito de cultura ou de educação, entendendo-se que o ser humano é formado, construído, em vez de estar pronto ou dado".

É certo que essa repartição de competências capitaneada pelas ciências sociais não foi aceita sem combate por aqueles que veem as ciências naturais experimentais como as únicas dignas desse nome, uma vez que equacionam natureza física e mensurável com objetividade, criando com isso a exigência de que as ciências humanas ou se revisem teórica e metodologicamente para ascender à objetividade, ou se deixem reduzir (fundamentar) ao que de objetivo for possível descobrir e verificar sobre a natureza humana em seus vários aspectos. Foi esse o projeto que animou a polêmica sociobiologia em meados dos anos 1970: desvendar os tipos e invariantes comportamentais selecionados pela evolução e transmitidos pelos genes, supostamente a única maneira de conferir uma base empírica confiável às humanidades (Wilson, 2000). Com polêmica consideravelmente menor, após um laborioso *aggiornamento* ao longo de duas décadas, o projeto sociobiológico renasce nos anos 1990 sob a denominação de *psicologia evolucionista*, com ataques virulentos contra o que Tooby & Cosmides (1992) e Pinker (2002) pejorativamente qualificam e descartam como *modelo padrão da ciência social* (ou SSSM, *standard social science model*, em inglês). Trata-se aí de negar toda e qualquer separação de origem durkheimiana entre os planos natural (entendido por eles como o do indivíduo e seu cérebro moldado pela evolução) e social (agregado de indivíduos), esterilizando-a com a pá de cal reducionista: "A história e a cultura ... podem ser fundadas na psicologia, que pode ser fundada na computação, na neurociência, na genética e na evolução" (Pinker, 2002, p.69).

A psicologia evolucionista granjeia hoje considerável audiência no cenário acadêmico anglo-saxão, mas decerto não é de seu vigor revisionista e naturalizante que tem fluído o principal da caudalosa torrente de interrogações sobre a estabilidade da fronteira entre Natureza e Cultura. Suscitada sobretudo pela explosão das biotecnologias e da genômica na década de 1990, proliferou em todas as partes uma literatura entre perplexa e alarmada com o estatuto e o futuro da vida, em geral, e da natureza humana, em particular, diante da insidiosa ação corrosiva de enzimas de restrição, sequenciadores automáticos de DNA e outras ferramentas da tecnociência biológica que as ciências sociais acreditavam seguramente desterradas do lado de lá da cerca epistemológica que haviam erguido em torno de si mesmas. Surpreendendo até mesmo aqueles que não haviam perdido inteiramente de vista a marcha batida das engenharias genética e celular, de uma hora para outra o mundo se viu povoado de genomas, clones, transgênicos e outras quimeras. Não parece de fato haver muita coisa em comum entre os vários focos de emergência dessa preocupação – além da fonte na *hybris* dos laboratórios e do parentesco com a reflexão sobre o alcance sistêmico da questão ambiental.[8]

Quando tudo que até então contara como natural e base da vida social – a própria biologia humana – se torna objeto das tecnologias reprodutiva, celular ou genômica, abrindo-se assim para a esfera da manipulação, criam-se as condições para a construção linguística e prática de oxímoros como *engenharia genética* e *inteligência artificial*. Ocorre como que uma *culturalização* da natureza, sua invasão por artefatos, num processo de tecnologização que por assim dizer a desnaturaliza, retirando-lhe com isso a condição de fundamento e referência externa do social. Diante de um ser vivo, já não subsiste mais a certeza de que se depara com um ser formado; cada vez mais, insinua-se a possibilidade concreta de que se trate de algo ao menos parcialmente construído: "A natureza se torna um departamento da empresa humana, e nós descobrimos que ela jamais fora autônoma. A distinção entre o natural e o cultural é revelada como a construção cultural que sempre havia sido", constata Marilyn Strathern (1992, p.55).

---

[8] Como se depreende de uma rápida enumeração de alguns autores que lhe dedicaram atenção: no Brasil, Santos (1998) e Ribeiro (2003); fora, Latour (1994), Rabinow (1992), Haraway (1997), Strathern (1992), Franklin (2000), Beck (1997), Martins (1996b), Habermas (2001), Fukuyama (2002) e Zizek (2003), entre outros.

Paradoxalmente, no momento mesmo em que vivem seu auge – com a finalização do sequenciamento do genoma humano e o desenvolvimento protótipo de clones de mamíferos –, as biotecnologias veem instaurar-se uma crise no seio da atitude investigativa que sempre esteve na base de seu bem-sucedido projeto de hegemonia entre as ciências experimentais, atitude essa que se poderia resumir como *explicação por naturalização*. Por um lado, nunca parece ter obtido tanta penetração na esfera pública, ao menos de países ocidentais, a noção de que a ciência natural se encontra cada vez mais perto de explicar comportamentos individuais e coletivos por intermédio de regularidades biológicas. Por outro, torna-se mais e mais patente que a elucidação de tais mecanismos ao mesmo tempo solapa a fundamentação da cultura a partir da natureza, na medida em que a marcha da tecnociência torna o contexto da descoberta e da explicação inextricável do contexto da intervenção e da manipulação. Eis o que se pode chamar de *paradoxo do determinismo*: como tomar por fundamento dos comportamentos que compõem a cultura justamente aquilo (a natureza) que uma parte da própria cultura (a tecnologia) já franqueou para suas maquinações?

O paradoxo assinalado não impede, porém, que a naturalização (ou determinismo biológico) preserve e até aprofunde suas raízes, sobretudo depois de cooptada para integrar os circuitos de reprodução do capitalismo. Quem talvez tenha formulado melhor essa perda de condição de referência (vida natural) concomitante com o ganho de disponibilidade técnica (vida reprogramável) foi Sarah Franklin, com seu conceito de *Vida própria* (*Life itself*):[9]

---

9 Um aspecto interessante a explorar, em outro momento e lugar, seriam os pontos de contato entre essa concepção histórico-tecnológica de Franklin e a análise mais ético-política do conceito de *vida nua* por Giorgio Agamben em *Homo sacer*.

a natureza se torna biologia, que se torna genética, por meio da qual a própria vida se torna informação reprogramável. ... A transformação da própria vida no século XX teve a consequência de que a função basilar ou fundacional da natureza como um limite ou força em si mesma se tornou problemática e perdeu seu valor axiomático, *a priori*, como um referente ou uma autoridade, tornando-se um horizonte fugidio. A natureza, podemos dizer, foi destradicionalizada. ... Isso não significa que seja menos útil, como já argumentamos, mas a natureza entrou em parafuso. No lugar antes ocupado por "fatos naturais" há um novo quadro de referência, um rebento da era genômica, que é a própria vida – agora órfã da história natural, mas cheia de promessa deslumbrante. (Franklin, 2000, p.190-1)

Convém reforçar aqui a ideia avançada por Strathern, entre outros: o que se esboroa após a genômica e a avalanche de biotecnologias não é a "natureza exterior" ela mesma, mas toda uma tradição epistemológica "purificadora" (Latour, 1994) que dependia de mantê-la a distância, segregada de tudo que seja social e cultural. Sua construção central era a noção de *natureza humana*, que poderia ser inferida, segundo os deterministas, da leitura de *comportamentos* em princípio individuais (mas cujo agregado resultaria em comportamento social) e explicada com base apenas nos invariantes fixados nos genes e nos circuitos cerebrais pela seleção natural.

Diante da eficácia hegemônica e simbólica desse procedimento, pode-se talvez diagnosticar que um certo mal-estar das ciências sociais, uma percepção de inferioridade epistemológica diante das ciências naturais, decorreria de sua dificuldade em fixar, demonstrar e expor teoricamente um mínimo de espontaneidade para as ações humanas no plano social, sem o qual esse saber perderia a própria razão de ser. Segundo Viveiros de Castro (2002, p.303), três grandes paradigmas (Spencer, Durkheim e Boas) concorrem na tentativa de solucionar o *dilema teórico* das ciências humanas; seria o caso de acrescentar à sua análise que a simples competição entre paradigmas talvez seja sintoma da dificuldade de resolver suas antinomias centrais, Natureza *vs.* Cultura e Indivíduo *vs.* Sociedade:

> Ambas conotam o mesmo dilema teórico, o de decidir se as relações entre os termos opostos são de continuidade (solução reducionista) ou de descontinuidade (solução autonomista ou emergente). A cultura é um prolongamento da natureza humana, exaustivamente analisável em termos de biologia da espécie, ou ela é uma ordem suprabiológica que ultrapassa dialeticamente seu substrato orgânico? A sociedade é a soma das interações e representações dos indivíduos que a compõem, ou ela é sua condição supraindividual, e como tal um "nível" específico da realidade? (Viveiros de Castro, 2002, p.302)

Compreende-se, com base nessa dificuldade imanente às ciências sociais, o sucesso relativo obtido pelas críticas dos psicólogos evolucionistas ao SSSM *(standard social science model)*. As ciências sociais são por assim dizer vítimas da própria dicotomia que corroboram, Natureza *vs.* Cultura; necessitam dela para delimitar e instituir o próprio campo, mas esse fosso as impede ao mesmo tempo de ancorá-lo no substrato em que se ancora tradicionalmente a "realidade objetiva", tornando-a vulnerável às investidas cientificistas. Com efeito, como postulou Bruno Latour, dicotomias como Natureza *vs.* Cultura são conceitos eminentemente polêmicos, armas de "ressentimento e vingança" (Latour, 2001, p.337) na imposição de um domínio (natureza) e de uma atividade (ciência) como fundamentos esclarecedores da política, configurando um método de classificação para separar o moderno do tradicional (Latour, 1994, p.70-1), para distinguir o que pertenceria ao passado (*crença*, ou a confusão entre coisas e homens) do que aponta para o futuro (*conhecimento*, ou a capacidade de discriminar objetos e sujeitos). Assim, as ciências sociais veem voltar-se contra elas – pelas mãos da sociobiologia e da psicologia evolucionista – a pecha que muitas vezes dirigiram contra seus "objetos", outras culturas e sociedades: uma incapacidade autóctone de elevar-se acima do domínio das crenças, até o plano do conhecimento objetivo.[10]

Ansiedade racionalista

Não é de estranhar, assim, que a conjunção de crises em torno da fronteira entre natureza e cultura conduza a uma espécie de *ansiedade ética*. Todo e qualquer pensador de inspiração racionalista começa a inquietar-se com a perspectiva de não mais poder contar com esse tipo de fundamentação para um conjunto mínimo de princípios e regras de cunho universalista. Ninguém mais do que Jürgen Habermas personifica essa descoberta repentina e dolorosa da porosidade da natureza como contraparte da vida social, sobretudo da fragilidade da natureza humana diante das investidas da tecnologia – ainda que ele entenda essa natureza não como um repositório de inclinações pré-formadas, mas (pós-kantianamente) como uma condição de possibilidade da igualdade intersubjetiva. Engajando-se inicialmente numa polêmica pública, pela imprensa leiga, acerca da permissibilidade da clonagem e da manipulação genética antes do nascimento, as quais ameaçariam a indeterminação com que todos os seres humanos adentram a esfera social, o filósofo social alemão herdeiro da tradição frankfurtiana dedica ao tema um livro sintomati-

---

[10] Latour (2001) denuncia como intolerante a atitude iconoclasta da crítica moderna: "os modernos e os pós-modernistas ... acreditam na crença. Acreditam que as pessoas acreditam ingenuamente" (p.315); "os que não se entusiasmam pela modernidade são acusados de possuir unicamente uma cultura e crenças, mas não conhecimentos a respeito do mundo". O tema é retomado por Viveiros de Castro (2002), apoiando-se precisamente em Latour: "Sempre que ouço um pronunciamento sobre as causas – sob este ou outro nome, e sejam elas de que natureza forem – do comportamento de alguém, em especial de um 'nativo', sinto como se estivessem a lhe tentar bater epistemologicamente a carteira" (p.17).

camente intitulado *Die Zukunft der menschlichen Natur* ([O futuro da natureza humana] Habermas, 2001).

Habermas está preocupado com o efeito das biotecnologias no homem sob o ponto de vista ético, ou seja, da autorrepresentação da espécie como composta por sujeitos morais e, assim, das condições de possibilidade das relações sociais (relações entre pessoas, e não entre coisas). Ele parte da constatação de que a aceleração da mudança social diminuiu progressivamente o prazo de validade dos sistemas éticos, ou seja, da capacidade da filosofia de dar respostas generalizantes às perguntas pelo que caracteriza a vida "boa", a vida digna de ser vivida. Com isso, essas respostas cada vez mais se restringem à esfera da identidade pessoal, sem validade intersubjetiva.

Tal estado de coisas se junta às possibilidades (ou promessas) de modificação do genoma humano, resultando num abalo profundo desse autoconceito moral da espécie. Um de seus pressupostos é a distinção categorial entre o que é *formado* (pela natureza) e o que é *fabricado* (pelo homem), e é ela que se desfaz quando se impõe a perspectiva de modificar o genoma. Na medida em que a disposição genética de todas as pessoas que já viveram havia sido até aqui fruto do acaso, essa indeterminação se integra na própria vida em sociedade como uma condição inerente à igualdade e à liberdade. É a partir desse substrato absolutamente peculiar, único e ao mesmo tempo tão aleatório quanto o de qualquer outro homem, que cada sujeito se constitui como autor de sua própria biografia. Há um parentesco dessa noção com a de "natalidade", tal como formulada por Hannah Arendt, afirma Habermas:

> Os homens se sentem livres para iniciar algo de novo em suas ações porque o próprio nascimento, como divisor de águas entre Natureza e Cultura, marca um novo começo. Entendo essa indicação no sentido de que o nascimento põe em marcha uma diferenciação entre o destino socializante de uma pessoa e o destino natural de um organismo. Apenas a referência a essa diferença entre

Natureza e Cultura, entre inícios intocáveis e a plasticidade de práticas históricas, permite àquele que age o autoposicionamento performativo sem o qual ele mesmo deixa de poder conceber-se como o iniciador das próprias ações e anseios. (Habermas, 2001, p.102-3)

No entanto, quando passa a ser determinado total ou parcialmente por outrem, rompe-se essa condição de igualdade e surge uma assimetria inédita, anterior ao próprio nascimento e, com isso, impossível de ser problematizada na esfera da comunicação. Esfuma-se a fronteira entre coisa e pessoa e, com ela, o fundamento da possibilidade de *reconhecimento*: "Até agora encontravam-se em interações sociais somente pessoas nascidas, e não fabricadas" (ibidem, p.112). Dito de outro modo, a experiência do próprio corpo como algo de incondicionado é condição da liberdade, como continuação autônoma do orgânico, a partir de algo naturalmente indisponível para a técnica. A intervenção biotecnológica, por outro lado, não se confunde com a clínica, pois o médico tem de manter-se nos limites discursivos da justificação do tratamento ministrado – mas é precisamente essa distinção que se perde na crescente assimilação da clínica à técnica, assim como na determinação das características genéticas de um ser humano segundo as preferências pessoais de outro ser humano. Pouco importa, aqui, se esse poder é real e amplo, como supõe o determinismo genético, ou fantasia de mercado – em ambos os casos, já foi transposta a fronteira entre o que deve estar e o que não deve estar disponível, no humano, para a manipulação técnica.

Por fim, Habermas argumenta que essa recusa da manipulação genética é um ato de vontade e de resistência, e não uma defesa da ressacralização ou do reencantamento do mundo – como se pode identificar na perspectiva igualmente alarmada assumida por um teórico conservador como Francis Fukuyama (2002) –, mas de um passo na direção de a modernidade tornar--se *reflexiva*, de esclarecer-se sobre as suas próprias fronteiras.

Trata-se de uma questão *normativa* (o que deve permanecer indisponível) e não *ontológica* (o que deve ser preservado como dignidade inerente, ou natureza humana).

De certa maneira, a busca de uma resposta a esse dilema já vem sendo posta em prática de uma perspectiva que Paul Rabinow (1992), no ensaio já mencionado, recomendou que fosse a de uma atitude *etnográfica* diante das biotecnologias e da genômica. Ao mesmo tempo mais modesta e mais ambiciosa que o racionalismo ansioso de Habermas, ela deveria renunciar a buscar fundamentos transcendentais para a gênese (*Bildung*) das identidades morais, em favor de um inventário e da descrição das práticas reformuladas ou induzidas pela tecnociência biológica, aquilo que Rabinow designou como *biossocialidade*. Não é por acaso, assim, que vários dos autores referidos mais atrás como atentos para as questões suscitadas pelas biotecnologias têm sua origem ou suas simpatias teóricas no campo da antropologia; ao contrário, essa convergência denota que, no momento mesmo em que referenciais e métodos tradicionais de fundamentação se abalam ou dissolvem, e em que a cultura em processo de globalização experimenta o máximo estranhamento de si mesma, nada aparece como mais útil do que uma tradição investigativa versada no desafio de compreender *outras* culturas.

Rabinow (1992) e Franklin (2000), por exemplo, preconizam reconstituir as novas redes de circulação de termos de identidade, uma vez que o processo de desnaturalização põe em questão laços sociais fundamentais baseados em categorias de identidade profundamente enraizadas no biológico (Franklin, 2000, p.215), agora que se estabeleceu um tipo de *isomorfismo* entre natureza e cultura, ou seja, em que as posições tradicionais se invertem e a segunda passa a servir de modelo para a primeira (p.195). Strathern dá um passo a mais e se interroga sobre o significado cultural da resistência ao determinismo genético e da insistência correlata na *escolha*, um traço caracteristicamente ocidental e moderno que indivíduos de outras culturas considerariam intrigante: "na medida em que a escolha, nessa matéria, também é considerada desejável, não é sempre que alguém pode querer suas origens predeterminadas. Ao contrário, quando o pressuposto é em favor da variabilidade e de manter aberta uma gama de possibilidades, *a antecipação pode ser mutilante*" (Strathern, 1992, p.171).

Para tentar libertar o conhecimento do solipsismo racionalista do sujeito em seu isolamento do objeto, a investigação social precisaria deslocar seu centro de gravidade para o terreno das *relações*. Segundo Viveiros de Castro, a antropologia contemporânea ensina a recusar as concepções essencialistas ou teleológicas da sociedade: "À *sociedade* como ordem (instintiva ou institucional) dotada de uma objetividade de coisa, preferem-se noções como *socialidade*, que exprimiriam melhor o processo intersubjetivamente constituído da vida social" (2002, p.313).

No que respeita ao entendimento da difusão corrosiva da tecnociência biológica pelo tecido social, essa perspectiva oferece a considerável vantagem de não estigmatizar a prática científica enquanto tal, que afinal nunca deixou de ser uma atividade *humana*. É possível e mesmo obrigatório explicitar o quanto dessa prática é mobilizada para e pela reprodução do capital, algo que está ausente por exemplo do alarmismo ético conservador de um Francis Fukuyama e do reducionismo neossociobiológico dos psicólogos evolucionistas à maneira de Steven Pinker. Ao insistir na apreciação das relações concretas que se estabelecem entre os homens, inclusive e sobretudo na esfera pública (como no caso da polêmica sobre clonagem, talvez a primeira de caráter realmente global), a atitude etnográfica preconizada por Rabinow permite apreender tanto a ressurreição do determinismo biológico quanto a reação a ele como as duas faces de um mesmo complexo, que equilibra precariamente naturalização e racionalismo sobre a velha dicotomia entre Natureza e Cultura. A primeira não encontra respostas para o enigma da *autonomia*, que ou fica soterrada sob o peso do mecanismo e da causa eficiente, ou é pranteada como vítima da expansão irrefletida das biotecnologias; o segundo a hipostasia como um absoluto e perde de vista as limitações do autonomismo e o caráter fantasmagórico do sujeito racional explicitado com a contingência genética (Zizek, 2003); ambos são cegos para o *novo*, para a capacidade preservada da pesquisa científica de ampliar o repertório das ações (Latour, 1994, p.297), de responder a um "clamor cultural" para vencer barreiras e transpor limites históricos, entrando em ressonância com necessidades e desejos humanos (Ribeiro, 2003), estejam eles em contradição ou não com os movimentos do capital.

Em conclusão, essa perspectiva etnográfica[11] oferece a oportunidade de dissecar a pesquisa e ao mesmo tempo vacinar-se tanto contra o *anticientismo* herdado da teoria crítica quanto contra o determinismo tecnológico que enxerga a manufatura da história transferida das mãos dos homens para as engrenagens dos sistemas tecnológicos, como nesta suposta Nova Era dominada pelas biotecnologias. Uma das características fundamentais dessa nova disposição política é a crítica da tecnociência, ou, como diz Santos (2003), a urgência de "politizar as novas tecnologias".

---

11 Ou *multiversal*, "um ponto de vista capaz de gerar e desenvolver a diferença", como propõe Viveiros de Castro (2002, p.316). É o ensinamento que as ciências sociais podem e devem extrair das cosmologias ameríndias: o reconhecimento de visões de mundo diversas e mesmo incompatíveis entre si e com a ocidental, todas, como formas de conhecimento que antes de mais nada convidam a refletir sobre os próprios pressupostos e valores, e não, pejorativamente, como *crenças* ou *ideologias* que cabe aniquilar com a mão forte da Razão ou da Verdade Histórica.

4
Metáfora e crítica do gene como informação

Embora não sejam mais tão encontradiças em artigos técnicos de pesquisadores atuantes no campo da biologia, as metáforas que associam a genética com o mundo da informática prosseguem como moeda corrente na apresentação do genoma para o público, a ponto de penetrarem no senso comum sobre a questão e adquirirem a aparência de um conceito revelador da essência do gene. A mais corriqueira faz dele um *programa*, ou seja, por analogia com softwares, um *código* capaz de realizar tarefas ou de engendrar ações. Há muitas razões concorrentes para promover tal identificação – tão precária quanto interessada –, a começar pela percepção correta de que muito do dinamismo da economia de futuros se deslocou para a esfera de atuação das empresas de ciências da vida (biomedicina e biotecnologia) e de informática (sobretudo internet). Companhias que trabalhem a partir de DNA ou de silício, ou preferivelmente sobre alguma forma de convergência dessas plataformas, tornaram-se sinônimos do que se convencionou designar como alta tecnologia.

A contiguidade não é porém apenas simbólica, mas se manifesta igualmente, em graus variados de confluência, no interior dos próprios campos de atividade. Decerto que ainda não se materializou nem como protótipo um computador com base em DNA, capaz de cooptar as propriedades e os padrões de hibridização das fitas da dupla hélice para substituir, na escala molecular, os dispositivos eletrônicos baseados em semicondutores (cada vez mais próximos de um limite físico de miniaturização), mas já foram por assim dizer incorporadas no cotidiano da informática as redes ditas neurais, formas de processamento que buscam imitar a flexibilidade do pensamento humano.

É no dia a dia da pesquisa genômica, no entanto, que a informática está coadjuvando o que aparece como verdadeira revolução, como se pode notar em visita a qualquer instalação do setor (onde já soa quase anacrônico falar em "laboratório"). Os instrumentos básicos de trabalho são sequenciadores automáticos de DNA, que não passam de computadores aplicados à rotina de monitorar e interpretar, em paralelo, resultados de dúzias de processos eletroquímicos (eletroforese) no interior de tubos capilares, e não mais em tubos de ensaio ou placas de gel. Mesmo as etapas "molhadas" da operação, como a produção de lotes de DNA para leitura, passam por um processo acelerado de automação, por exemplo com o emprego de robôs e códigos de barras para transportar, armazenar e rastrear amostras. Convertida – ou "transduzida", como se diz – para a modalidade digital, na forma de séries de permutações de letras A, T, C e G para designar a sequência de bases nitrogenadas (adenina, timina, citosina e guanina) que compõem os degraus variantes da molécula em formato de hélice dupla, desaparece a identidade química enquanto tal. A partir daí, todo o trabalho de pesquisa – anotação, interpretação e prospecção de genes – passa a ser feito *in silico*, e não mais *in vivo* ou *in vitro*: a seco. É o domínio da bioinformática, setor que vem observando a maior expansão no sistema tecnológico que já caberia chamar de *complexo biológico-industrial*.

Há uma maneira ainda mais substancial de conceber essa convergência, que transcende o fato tecnológico para se escorar numa continuidade de tipo ontológico. Nessa camada mais profunda da metáfora do gene como programa ou código, o próprio DNA é definido como *informação*. Como não se cansam de alertar Keller (1995), Lewontin (2000a, 2000b) e Oyama (2000a, 2000b), paga-se um preço para usar metáforas, e ele pode ser proibitivo. Um exemplo tomado da copiosa literatura de divulgação sobre o genoma ajudará a tornar mais evidentes os custos de não refletir sobre as implicações do conteúdo da figura de linguagem empregada. Eis como é definida, por um biólogo-empresário do Vale do Silício, a Nova Biologia:

> A biologia está renascendo como ciência da informação, progênie da Era da Informação. Como cientistas da informação, biólogos se ocupam com as mensagens que sustentam a vida, tais como as intricadas séries de sinais que dizem a um óvulo fertilizado para se desenvolver em um organismo completo. ... As moléculas carregam informação, e são suas mensagens que têm a mais elevada importância. Cada molécula interage com um conjunto de outras moléculas, e cada conjunto se comunica com outro conjunto, de modo que todos estão interconectados. Redes [*networks*] de células dão forma a células; redes de células produzem organismos multicelulares; redes de pessoas engendram culturas e sociedades; e redes de espécies abarcam ecossistemas. A vida é uma rede [*web*] e a rede é vida. (Zweiger, 2001, p.xi-xii)

Quase uma década antes, conceitualizações semelhantes já eram emitidas por luminares da nascente ciência genômica, como Leroy Hood:

> O futuro da biologia vai depender da análise de sistemas complexos e de redes que podem envolver moléculas, células ou mesmo arranjos de células. Para que algum dia possamos entender tais sistemas, precisam ser definidos os elementos individuais da rede, assim como a natureza de sua conectividade. Modelos de computador

serão necessários para explorar o comportamento em rede quando elementos individuais são perturbados. (Hood, 1993, p.149)

Gêmulas, fatores e código construtor

Diante da frequência e da facilidade com que se fala de "informação genética", a noção de que as macromoléculas de DNA carregam mensagens não chega a causar estranheza, mas deveria. A superposição de camadas de sentido acumuladas pela convergência bioinformática contribui para soterrar o núcleo da metáfora, que tem uma história muito anterior ao advento da biotecnologia e das redes de computadores e se organiza em torno da noção de *pré-formação*, vale dizer, da ideia de que o organismo e seu curso de desenvolvimento estão já especificados na unidade ínfima de origem e de que esse desdobramento ou crescimento ocorre de modo automático, graças à potência aí contida. Essa noção é tão antiga quanto a biologia moderna, assim como a polêmica que a opôs desde o século XVII à de *epigênese*, segundo a qual o organismo se forma pela produção de partes e órgãos que não estão prefiguradas no germe (*ex novo*, e não *ex ovo*), controvérsia tão influente e recorrente que chegou a ser incluída entre os dez maiores debates científicos de todos os tempos.[1]

Na origem, o pré-formacionismo acabou derrotado pelo epigenesismo como explicação para o fenômeno do desenvolvimento e ridicularizado exatamente em razão das aporias a que pode se ver conduzido o pensamento imagético em biologia, nesse caso por força de ficções como o "homúnculo" na cabeça do espermatozoide ou a presença de todos os seres humanos nascidos e por nascer no interior do "ovário de Eva" – título de

---

[1] Cf. HELLMAN, Hal. *Grandes debates da ciência*. Dez das maiores contendas de todos os tempos. Tradução: José Oscar de Almeida Marques. São Paulo: Editora UNESP, 1999.

um curioso relato dos debates da época (Pinto-Correia, 1999). Entretanto, como faz notar Stephen Jay Gould na apresentação desse livro, a ideia só parece ridícula de uma perspectiva anacrônica, cega para o peso das imagens que conferem uma aura de evidência e naturalidade ao conceito atual de gene:

> Deveremos culpá-los porque o aparato metafórico da vida do século XVIII não incluía o conceito "correto" de instruções programadas, em vez de partes pré-formadas? [*Charles*] Bonnet conhecia a caixa de música, mas talvez a sociedade precisasse do tear de Jacquard, e da pianola e do cartão perfurado do computador Hollerith, para colocar, dentro da capacidade geral de compreensão, o conceito de instruções codificadas. (Pinto-Correia, 1999, p.10)

Porque não resta dúvida de que, por meio de um *aggiornamento* da noção, agora revestida com o manto respeitável das novas tecnologias, o conceito reprimido retornou com força arrasadora, como conclui Pinto-Correia:

> No final, os embriologistas foram os grandes derrotados na guerra contra a genética. Com o tempo, a abordagem genética à embriologia (e à evolução, e a tudo o mais que existisse sob o sol biológico) tornou-se a versão triunfante. E a sucessora final da pré-formação, a biologia molecular, hoje ameaça tomar conta de todo o campo da biologia do desenvolvimento. (1999, p.382)

As partículas da hereditariedade passariam ainda por muitas encarnações teóricas antes de libertar-se de seu fardo de mistério, das "gêmulas" de Charles Darwin aos "fatores" de Gregor Mendel e aos "genes" de Wilhelm Johannsen – termo cunhado em 1909, três anos depois de "genética" (Keller, 2002, p.13). Tal carga só começaria a dissipar-se a partir de 1944, com a identificação do substrato ou correlato físico para tais partículas. Havia alguns anos já que se desconfiava de sua presença numa substância difusa no núcleo das células vivas – o ácido desoxirribonucleico, DNA – que tinha a peculiaridade de condensar-se em estruturas pareadas e duplicadas durante a divisão celular batizadas de cromossomos, as quais, por sua vez, sugeriam uma relação direta com os pares de fatores hereditários "conhecidos" desde o trabalho de Mendel, publicado em 1866. Quase um século depois, ao desvendar a estrutura química tridimensional do DNA, construindo o modelo da hélice dupla em que bases nitrogenadas emparelham-se segundo um padrão fixo (adenina sempre com timina, e citosina sempre com guanina, o que torna cada uma das duas hélices da molécula logicamente complementar da outra), Watson & Crick (1953, p.737) acrescentaram a seu artigo de apenas uma página as três linhas que empolgariam a biologia do século XX: "Não escapou à nossa atenção que o emparelhamento específico por nós postulado sugere imediatamente um possível mecanismo de cópia do material genético" (ou seja, da transmissão de partículas hereditárias entre gerações de células e organismos). O funcionamento do mecanismo propriamente dito – grupos de três bases, ou códons, como especificadores de cada aminoácido na sequência de uma proteína – seria elucidado anos depois sob a liderança de Crick e Sidney Brenner, e com ele começavam a ganhar substância, ainda que no plano ínfimo das moléculas, aquelas que até então haviam pairado como forças enigmáticas sobre a paisagem e a sucessão da vida.

A noção de que esse mecanismo constituiria necessariamente um *código*, por outro lado, não havia nascido com a estrutura do DNA, nem com sua implicação na síntese de proteínas. Em certo sentido, a descoberta de Watson e Crick já se deu no quadro de um programa de investigação delineado dez anos antes por Erwin Schrödinger, um físico que havia dividido o Prêmio Nobel de 1933 com Paul Dirac por suas contribuições à mecânica quântica. Numa conferência decisiva de 1943, *What is Life?* (Schrödinger, 1997), o físico deduziu e postulou que, para conter toda a complexidade de um futuro organismo no espaço diminuto do núcleo de uma única célula (o zigoto), sem prejuízo à ordem, uma "chave elaborada" só poderia existir como "associação bem ordenada de átomos" (Schrödinger, 1997, p.97), isto é, como molécula. Mas Schrödinger deu um passo além, adicionando a seu modelo teórico uma determinação que o aproximaria da noção de *programa*, termo que só viria a ser empregado nesse contexto por Jacques Monod e François Jacob em 1961 (Keller, 2002, p.80). Para Schrödinger, a substância que depois seria identificada e decifrada como DNA haveria também de ser, necessariamente, um *construtor*:

> São esses cromossomos, ou provavelmente só uma fibra axial do que vemos sob o microscópio como cromossomo, os que contêm em alguma forma de chave ou texto cifrado o esquema completo de todo o desenvolvimento futuro do indivíduo e de seu funcionamento em estado maduro. ... Mas o termo "chave", ou texto cifrado, é demasiadamente limitado. *As estruturas cromossômicas são ao mesmo tempo os instrumentos que realizam o desenvolvimento que elas mesmas prognosticam.* Representam tanto o texto legal como o poder executivo; para usar outra comparação, são *ao mesmo tempo as plantas do arquiteto e a mão de obra do construtor*. (Schrödinger, 1997, p.41-2; grifos nossos)

Informação, pré-formação, cognição

Essa determinação do conceito é fundamental, como demonstra Oyama ao longo de seu livro *The Ontogeny of Information* (2000a), publicado originalmente em 1985. As faculdades pré-formadora e construtora de organismos no DNA serão então fundidas na noção de gene como *informação*, já sob a influência do meio de cultura cibernética. Segundo Keller, os responsáveis por sua introdução foram os próprios descobridores da dupla hélice:

> A noção de informação genética que Watson e Crick invocaram não era literal, e sim metafórica. Mas foi extremamente poderosa. Embora não permitisse medida quantitativa alguma, autorizava a expectativa – antecipada na noção de ação gênica – de que a

informação biológica não aumenta no curso do desenvolvimento: já está inteiramente contida no genoma. (Keller, 1995, p.19)

A informação se caracteriza como um tipo especial de causa, capaz de conferir ordem e forma à matéria viva, mas uma causa que preexiste à sua própria utilização ou expressão (Oyama, 2000a, p.2-3). Constitui, assim, na opinião da autora, a metáfora mais adequada para a época atual, em que tudo – do trabalho à cultura e à biologia – parece redutível a um formato digital:

> Em um mundo crescentemente tecnológico e computadorizado, informação é uma mercadoria de primeira linha, e, quando utilizada na teorização biológica, lhe é conferido um tipo de autonomia atomística, ao mover-se de um lugar a outro, ser coletada, armazenada, marcada e traduzida. Tem uma história só na medida em que é acumulada ou transferida. Informação, a fonte moderna de forma, é vista como residente em moléculas, em células, em tecidos, "no ambiente", em geral latente, mas causalmente potente. É pensada como algo que capacita essas moléculas, células e outras entidades a reconhecer, selecionar e instruir umas às outras, a construir umas às outras e a si mesmas, a regular, controlar, induzir, dirigir e determinar eventos de todos os tipos. (Oyama, 2000a, p.1-2).

Na análise de Oyama, o fulcro dessa operação simbólica sobre o gene consiste em imprimir-lhe o atributo de *cognição*, ou uma modalidade peculiar de inteligência, com poderes ontológicos – a capacidade de instituir ou engendrar *a priori* o seu próprio objeto: "Quando o plano preexistente é utilizado para explicar o que é, o que *é* se torna *necessário* (ou pelo menos natural, normal ou difícil de mudar)" (Oyama, 2000a, p.73). Ora, o que essa visão põe entre parênteses são todas as peculiaridades e contingências do próprio desenvolvimento do organismo, que se tornam apenas ocasião, cenário ou, no máximo, estímulo para desencadear esse processo de desdobramento de uma forma, para todos os efeitos, já dada. Argumentação semelhante sobre o fetichismo cognitivo do gene foi desenvolvida por Lewontin, da maneira mais direta que lhe é característica, em um ensaio de 1992:

> A descrição mais acurada do papel do DNA é que ele carrega informação que é lida pela maquinaria da célula no processo produtivo. Sutilmente, o DNA como portador de informação é transubstanciado, de modo sucessivo, em DNA como projeto, como plano, como planta-mestra, como molécula-mestra. É a transposição para a biologia da crença na superioridade do trabalho mental sobre o meramente físico, do planejador e do projetista sobre o operador não qualificado da linha de montagem. (Lewontin, 2000a, p.143-4)

Oyama talvez objetasse contra a aceitação implícita da noção de DNA-informação, mas o fato é que sua metáfora – melhor dizendo, a componente que o autor analisa das metáforas hegemônicas sobre os genes – tem a vantagem de pôr a nu uma determinação fundamental, a assimetria e a superioridade do gene. Oyama, por seu turno, propõe-se a metodicamente inventariar, analisar e criticar a sucessão de imagens apenas alinhavada por Lewontin, e o faz num capítulo sintomaticamente intitulado "Variações sobre um tema: Metáforas cognitivas e o gene homunculoide" (Oyama, 2000a, p.54-83). Seu guia na empreitada é o inevitável fracasso da caracterização do processo de desenvolvimento que resulta da adoção dessa perspectiva pré-formacionista.

O primeiro alvo é a concepção simplista de gene como *planta-mestra* (*blueprint*), sumariamente descartada por implicar a figura complementar de um empreiteiro ou construtor (deficiência já intuída e "resolvida" por Schrödinger). Depois passa a ser atacada por ela a noção de DNA como *imagem* e *conhecimento* apresentada na obra do etólogo Konrad Lorenz, segundo a qual ocorre uma aquisição contínua de informação pelos genomas na sua interação com o meio, ou seja, no processo de adaptação, que, por morfogenia, introjetaria no organismo uma espécie de decalque do próprio ambiente ou nicho ecológico (no sentido de que uma barbatana de peixe, por exemplo, "reflete" propriedades hidrodinâmicas), de modo que "organismos 'superiores' são aqueles que armazenam mais informação" (Oyama, 2000a, p.55). A objeção é que tal "conhecimento" só pode ser localizado, segundo o próprio esquema, não nos genótipos, mas nos fenótipos, e que, mesmo assim, persiste o problema de saber como essa informação – sobretudo a de caráter comportamental, objeto de estudo de Lorenz – se torna "inata". Em poucas palavras, que sentido pode haver em afirmações como a de que carrapatos "sabem" quais animais lhes cabe sugar?

A seguir, Oyama se debruça sobre a concepção de gene como *símbolo* ou como *hipótese*, variantes mais elaboradas propostas por estudiosos insatisfeitos com metáforas cognitivistas simples, como H. H. Pattee e B. C. Goodwin. Segundo Oyama, eles reconhecem a necessidade de relacionar o conteúdo do DNA com um contexto, um sistema de balizamento que lhe confira sentido; dito de outro modo, os símbolos (Pattee) ou hipóteses (Goodwin) contidos nos genes precisam ser interpretados ou traduzidos, por exemplo, na "linguagem" das proteínas, ou seja, já no domínio da constituição de um fenótipo imerso num ambiente. Assim, a bactéria que porta o gene de uma enzima para metabolizar determinado nutriente carregaria na verdade uma hipótese, a de que tal meio de fato teria disponível o nutriente, que atuaria então como o estímulo adequado para que o gene correspondente fosse lido. Ora, rebate a autora, isso implicaria que um genoma contivesse todas as hipóteses sobre todos os estímulos possíveis que lhe são exteriores, inclusive contingências do desenvolvimento que sejam raras ou até letais, o que não parece aceitável.

> Dá-se assim explicitamente ao organismo, ou melhor, ao *pool* de genes ou à espécie como fonte de sucessivas hipóteses, propriedades similares às da mente, mas a hipótese permanece estática pelo tempo de vida do organismo e parece firmemente incrustada no genótipo, não no fenótipo, cuja competência está na transformação, a maior parte do tempo. ... Como Pattee, [Goodwin] pare-

ce insatisfeito com os genes como explicação completa do desenvolvimento e é conhecedor da complexidade necessária para que a transcrição do gene tenha eficácia ontogênica. No entanto, permanece apegado ao gene cognitivo. (Oyama, 2000a, p.58)

Ainda mais elaborada, e talvez por isso mais difundida entre teóricos da biologia, é a noção de gene como *regra, instrução* ou *programa*. Oyama principia com a observação de que não lhe parece menos difícil de compreender que moléculas possam conter sentenças e comandos do que guardar órgãos e comportamentos em miniatura, mas não contorna a tarefa que se impôs de examinar com método as principais ocorrências também dessas metáforas, que envolvem alguns pesos pesados da biologia do século XX. O primeiro a ser apanhado na sua alça de mira é Edward O. Wilson, que, com Charles Lumsden, aderiu em 1981 à noção por meio da ideia de "regra epigenética" – e não deixa de ser sintomático que tenham escolhido o qualificativo "epigenético" apenas alguns anos depois do vendaval de acusações de determinismo genético (entenda-se: pré-formacionismo) conjurado pelas teorias sociobiológicas de Wilson. Ele e Lumsden estavam preocupados em identificar condicionantes biológicos de vieses culturais (como a proibição do incesto ou certa tendência universalizante na interpretação de expressões faciais) e os localizam em regras epigenéticas inatas, espécie de resultante da composição dos vetores definidos por genes e ambiente partilhados que deixaria sua marca no cérebro, como circuitos ou estruturas de conhecimento herdadas. À parte uma indistinção incômoda entre o que seria inato e adquirido nesse processo, Oyama aponta o aspecto tautológico da explicação: "O círculo clássico se fecha quando regras epigenéticas são inicialmente inferidas da frequência do fenótipo e, depois, invocadas para explicar o desenvolvimento do fenótipo" (Oyama, 2000a, p.60).

Complicações adicionais são postuladas por outros autores, como a noção de programas fechados e abertos proposta por Ernst Mayr e assimilada por Konrad Lorenz, mas todas essas formações acabam recaindo no mesmo tipo de dificuldade: a tentativa de admitir ou transferir alguma capacidade construtora para o sistema fenótipo-ambiente sempre redundará em alguma medida de ambiguidade, posto que a própria noção de programa pressupõe uma assimetria, um *locus* de onde parte o comando e outro onde ele se cumpre, residindo a informação apenas e tão somente no primeiro. É por isso que os vários autores acabam sempre por pender para o lado do gene, reconhecendo-o em última instância como sede, se não de toda a espontaneidade biológica, ao menos de sua parte principal ou primordial, o que repõe mais uma vez a questão da complexidade histórica da ontogênese a transbordar desse esquema determinista, e assim por diante. "A regularidade que descrevemos, por ser sempre determinada de modo múltiplo e por ser uma função da história do sistema, não pode residir em um componente do sistema. É o *resultado* da operação do sistema, não a sua causa" (Oyama, 2000a, p.72).

Forma preexistente e controle teleológico

Tendo em vista tantas dificuldades teóricas suscitadas por essa constelação semântica, talvez se comece a entender a persistência e a penetração das metáforas informacionais do gene se se caracterizar melhor onde estaria o núcleo duro dessa recusa em abandoná-las. Uma hipótese é que o motivo central se encontre na informação como precondição do *controle*, a faculdade de conduzir um processo a um objetivo anteposto. É o que sugerem Oyama (2000a, p.159), quando diz que "as ideias parelhas de forma preexistente e controle teleológico viajam juntas", e Keller, quando lembra que a contaminação pós-Schrödinger da biologia pela física não impediu que alguns de seus principais programas de pesquisa seguissem caminhos divergentes no que respeita à noção de teleologia: enquanto os biólogos pelejavam para libertar sua ciência de antigos ecos vitalistas, substituindo em suas descrições ideias como *propósito*, *organização* e *harmonia* pela noção mais asséptica de *função*, físicos e engenheiros – sobretudo no Massachusetts Institute of Technology (MIT) – quebravam a cabeça precisamente para assimilá-las em suas teorias sobre o comportamento de máquinas: "Os geneticistas estavam numa trilha diferente. Baseavam suas esperanças não em subjugar sistemas complexos, mas no que tem sido para cientistas naturais o paradigma mais natural de controle – os benefícios epistemológicos e tecnológicos da *reductio ad simplicitatum*" (Keller, 1995, p.92). A autora expõe então como reduto genético dessa forma mais tradicional de controle o próprio Dogma Central proposto por Francis Crick (uma designação inspirada, para o bem e para o mal, na rígida noção de que há uma direcionalidade irreversível na expressão do DNA, a partir do qual se faz o RNA mensageiro e deste, as proteínas): "Em vez de *feedback* circular, [o Dogma Central] prometia uma estrutura linear de influência causal, do escritório central do DNA para as subsidiárias exteriores da fábrica de proteínas" (ibibem, p.93).

De todo modo, como defende Oyama, a metáfora do gene-programa e do organismo-computador ou organismo-rede não é mesmo sustentável, seja porque o programa, ao tender para uma identificação com o próprio processo (de desenvolvimento, ou ontogênese), não pode mais ser circunscrito a uma das instâncias do processo (o gene), seja porque, do ponto de vista do desenvolvimento, nada exige que ele se organize, em qualquer instância, de modo cognitivo ou linguístico: "No sistema biológico, a 'decisão' ou a 'regra' não precisam ser programadas simbolicamente; 'regras e decisões' são simplesmente nossas descrições antropomórficas dos eventos que observamos" (Oyama, 2000a, p.72).

De volta à questão do controle: sobre o que, exatamente, as metáforas informacionais para o gene almejam propiciar controle? Sobre a natureza em seu sentido mais amplo, sobre o até então incondicionado com base no qual se erguia a cultura, em especial o substrato do humano que não parecia estar ao alcance do homem e de sua técnica: o desenvolvimento, a constituição fundamental do corpo, os padrões de comportamento individual e social, as capacidades cognitivas, os padrões básicos do metabolismo e seus desvios recorrentes (doença). O que o gene-informação promete é uma tecnologização das ciências da vida, uma biomedicina e uma biotecnologia – uma tecnobiologia, enfim.

Da biologia molecular emergiu um saber tecnológico que alterou decisivamente nosso senso histórico de imutabilidade da "natureza". Enquanto a visão tradicional era a de que a "natureza" [*nature*] pressagiava destino e "ambiente" [*nurture*], liberdade, agora os papéis pareciam trocados. As inovações tecnológicas da biologia molecular convidam a uma ousadia discursiva vastamente ampliada, encorajando a noção de que poderíamos controlar mais prontamente aquela do que esta. (Keller, 1993, p.288)

A seta da metáfora aponta para os dois lados. Na visão padronizada, moléculas de DNA "processam" toda e qualquer "informação" de que necessitem para nos fazer, e nos fazer funcionar. Numa reviravolta elegante, diz-se agora de nós, algumas vezes, que "programamos" nossos filhos (...). Vale um momento de reflexão que todos esses programas conotem algum grau de obediência irrefletida. Isso pode dar conta de parte da nossa dificuldade para elaborá-los numa versão satisfatória de experiência e agenciamento. (Oyama, 2000a, p.213)

O mesmo gênero de argumentação pode ser encontrado em *Hegel, Texas*, de Hermínio Martins, que enxerga nas biotecnologias a "vocação mais decisivamente ontológica", entre todas as tecnologias contemporâneas, porque suas "criações ônticas" (seres artificiais, cyborgs, quimeras) lançam um desafio à "imagem do equipamento básico do Mundo". Um desafio corrosivo, que torna movediça a fronteira outrora fixa entre Natureza e Cultura: "A vincada fronteira ontológica entre esses mundos, bem como entre o natural e o artificial, entrou agora na arena do essencialmente contestável, à luz das capacidades tecnológicas contemporâneas" (Martins, 1996a, p.189). O centro de gravidade desse conceito em deslocamento se encontra num processo de desmaterialização, em que tudo o que antes escapava da malha tecnológica – como a produção da vida –, agora reduzido à condição de *informação*, passa a ficar sob seu alcance:

> Os tecnólogos de hoje têm a tendência de conceber tecnofanias nas quais a dominação total da Natureza é ela mesma quase desmaterializada em saber absoluto e numa espécie de *totum simul*. Versões correntes de tecnofanias ligadas ao discurso sobre as tecnologias da informação, nas quais a "informação" se torna o conceito dominante do quadro categorial, sugerem que a conversão total do não informacional em informação é o momento da consumação do progresso tecnológico. (Martins, 1996a, p.181)

Esse momento imaginário de realização, de penetração do orgânico pelo foco potente do entendimento analítico-redutivo, é apresentado por Martins como portador de um sentido "gnosticizante". A diferença em relação ao sentido tradicional da ideia é que, em lugar de uma aversão pelo orgânico e pela viscosidade natural das coisas, se trata agora de sua submissão e conquista (Martins, 1996a, p.172). O próprio Martins já indica o quanto há de interesse nessa visão prometeica (para repetir outra noção sua) da tecnologia. Parece já evidente, nesta altura, que a metáfora do gene como *informação* e seu fulcro na noção de *controle* estão longe de dar conta da complexidade do fenômeno do desenvolvimento, para não falar do comportamento do organismo constituído, e de sua adaptação dinâmica ao meio, assim como do papel do genoma nesse sistema. A posição simétrica – fáustica, nos termos de Martins –, de denúncia do caráter manipulador e destrutivo da tecnologia, pode resultar igualmente esquemática, se não for capaz de escapar da generalização vazia (que aponta na essência de toda técnica, e mesmo em qualquer atitude científica, um movimento básico de criação de condições para sua alteração ou apropriação) e de indicar em que configurações reais de interesses essa manipulação – aqui já não importa se essencial ou não – se manifesta, para além da satisfação de vagas necessidades, digamos, existenciais. Afinal, é preciso tentar ir além de formulações um tanto vagas, ainda que convincentes, como a de Oyama:

> Talvez haja também uma relação não arbitrária entre o fato de acharmos difícil acreditar que a ontogenia seja possível sem a liderança da mente, ou de um sucedâneo da mente, emprestando ímpeto, direção e forma ao processo, e o fato de acharmos difícil conduzir nossas vidas sem recorrer a verdades *a priori*, particularmente diante da variedade social e cultural e da grande incerteza sobre o futuro. (2000a, p.161)

Tampouco são plenamente elucidativas algumas das explicações avançadas por Lewontin. Para além da crítica ao determinismo genético, ele diagnostica na fabulação reducionista da ciência, de maneira generalizadora, uma função de legitimação da sociedade que anteriormente era exercida pela religião, com a qual partilharia quatro características fundamentais: é uma instituição exterior ao domínio normal da vida humana, alcança validade e verdade transcendentais, provém de fontes absolutas e se apresenta com qualidades místicas inacessíveis em uma linguagem esotérica. Assim é que, na sua visão algo esquemática, a noção de gene que ele chama de "reducionista" teria surgido como decorrência do individualismo inerente ao capitalismo e como ocultamento da noção de que a vida social é produzida coletivamente:

> Essa sociedade atomizada é correlata de uma nova visão da natureza, a visão reducionista. Agora se acredita que o todo deve ser entendido *somente* quando tomado em suas partes, que os pedaços e partes individuais, átomos, moléculas, células e genes, são as causas das propriedades dos objetos inteiros. ... Esta é uma visão empobrecida e incorreta do relacionamento real entre or-

ganismos e o mundo que ocupam, um mundo que os organismos vivos em grande medida *criam* por suas atividades vivas. (Lewontin, 1993, p.12)

Ainda que capture determinações relevantes de um sistema de significações erigido em torno da genética e da genômica, a interpretação de Lewontin mal consegue disfarçar o mecanicismo da noção de ideologia como reflexo da prática real dos homens. Não se trata de negar que tais representações sobre o gene possam ser mobilizadas no interesse de tais ou quais grupos sociais, sobretudo do estamento de cientistas em busca de fundos de pesquisa, mas sim de ser capaz de mostrar *como* elas e as práticas a elas associadas se imbricam no processo de reprodução material da sociedade, se possível no âmago da própria produção de valor. A biologia já não pode ser reduzida apenas à ideia de ideologia, em face do poderio ontológico que vem adquirindo – a não ser que se admita que ideologias tenham o condão de povoar o mundo também com quimeras de carne e osso, ou de carne e silício, e não apenas com fantasmas.

O gene como unidade de *potencial*

O aspecto mais importante da construção do gene como informação é que ela isola o DNA como um *potencial*. Ao desqualificar todo o desenvolvimento do organismo como sede de qualquer informação, reduzindo-o a uma simples manifestação ou desdobramento de algo cuja forma substancial reside alhures (no gene), a metáfora informacional exclui precisamente o processo que está em relação estreita com a história do organismo e da espécie, vale dizer, com seu passado e com sua atualização (seu presente). O gene, que poderia ser também pensado como o *resultado* evolutivamente contingente de um processo ontológico continuado, ou seja, de um sistema cuja fluidez se desdobra tanto no espaço (população, *pool* genético) quanto no tempo (adaptação, especiação), nessa operação significante é por assim dizer desencarnado na condição de informação. Em sua abstração, deixa de visar não só ao dado como também ao atual, razão pela qual Laymert Garcia dos Santos destaca essa constituição do gene como informação do processo de modernização enquanto tal, pois este desvalorizava o passado em prol do presente, e não do futuro. "A lógica que preside a conduta da tecnociência e do capital com relação aos seres vivos, agora transformados em recursos genéticos, é a mesma que se explicita em toda parte: trata-se de privilegiar o virtual, e de preparar o futuro para que ele já chegue apropriado." Ou ainda: "O potencial é potência para reprogramação do mundo e a recombinação da vida. Levando a instrumentalização ao extremo, tal estratégia considera tudo que existe ou existiu como matéria-prima passível de valorização tecnológica" (Santos, 2001b, p.35).

A determinação que se acrescenta por essa via de interpretação, crucial, é a vinculação do gene-informação com a produção de valor no capitalismo contemporâneo, vale dizer, como *recurso* genético. Eis o tipo de *controle* hoje visado na metáfora informacional: não só o de mais um instrumento a permitir a atualização de potenciais (por exemplo, a fabricação de objetos), mas o do próprio princípio supostamente gerador de todos os potenciais; em outras palavras, um controle que se exerce pela via da apropriação, em germe, das possibilidades futuras. Já se percebe que essa é a racionalidade a sustentar a noção de propriedade intelectual (patenteabilidade) de genes, em relação à qual cabe aqui menos uma peroração ético-moral sobre a destruição dos valores intrínsecos da vida, por legítima que seja, do que apontar a imbricação desse constructo jurídico-epistemológico numa determinada configuração histórica. Se a investigação social da produção de conhecimento pode tirar alguma lição do tipo de pensamento sistêmico advogado para a biologia a partir da crítica do determinismo, é a de que se devem evitar as explicações de cunho teleológico, com base em intencionalidades veladas. Da mesma forma que não se pode afirmar que o gene prefigure todas as contingências do processo de desenvolvimento de um determinado organismo, não se deve concluir que a metáfora do gene-informação tenha por finalidade oculta, desde Schrödinger, preparar o terreno para o patenteamento de genes (muito embora, retrospectivamente, se possa estabelecer um vínculo entre a metáfora biológica e a noção jurídica). Seria uma maneira pré-formacionista de conceber o funcionamento da ideologia, tão pouco útil quanto procurar homúnculos na cabeça de espermatozoides.

Investir sequências de DNA de uma espontaneidade que essas moléculas efetivamente não possuem, de um ponto de vista estritamente bioquímico (pois se trata de substância inerte, que precisa ser ativada para participar da síntese de proteínas), propicia não só a inclusão de processos orgânicos na apropriação presente de objetos futuros, como também um vasto campo de *prospecção*. Como diz Santos:

> A informação torna-se crucial a partir do momento em que a dimensão virtual da realidade começa a ser mais importante do ponto de vista econômico e tecnocientífico do que a sua dimensão atual. A lógica que preside a conduta da tecnociência e do capital com relação a seres vivos, agora transformados em recursos genéticos, é a mesma que se explicita em toda parte: trata-se de privilegiar o virtual, e de preparar o futuro para que ele já chegue apropriado, trata-se de um saque no futuro e do futuro. (2001b, p.37)

Tal orientação é claramente perceptível na racionalidade que anima a principal empreitada da biologia molecular contemporânea, a genômica, materializada no Projeto Genoma Humano e sua Nêmesis empresarial, o sequenciamento levado a cabo pela companhia Celera (cujo lema, cabe repetir neste contexto, é *speed matters*, que, numa tradução capciosa, equivaleria a "velocidade é substancial"). Embora em termos retóricos seja mais comum a justificativa de que permitirá resolver o quebra-cabeças do câncer – uma doença que consome US$ 6 bilhões ao ano em pesquisa, nos Estados Unidos, e outros US$ 40 bilhões em tratamentos (Zweiger, 2001, p.1) –, a principal utilidade da informação genômica, centralizada em gigantescos bancos de dados como o GenBank, parece estar na racionalização da busca por novos fármacos, por meio de uma atividade mais de corte industrial do que científica e já qualificada como "garimpo" (*mining*). É proveitoso retornar brevemente ao discurso de quem está imerso na prática genômica:

> Um grande número de pessoas, embora não certamente todas, busca remédios melhores para tratar de suas enfermidades, em particular remédios que satisfaçam certos padrões científicos de segurança e eficácia. Empresas farmacêuticas buscam satisfazer essas necessidades por meio de drogas novas e aperfeiçoadas. Elas também enfrentam contínuas quebras de receita a cada vez que expira a vida patentária de 20 anos de um de seus medicamentos fazedores de dinheiro. Poderiam essas forças econômicas impelir o desenvolvimento de novas tecnologias? (Zweiger, 2001, p.75)

A resposta do biólogo-empresário é um óbvio "sim", na forma de saltos sucessivos nas técnicas de leitura e automação de sequências de DNA, que permitiram antecipar em nada menos do que quatro anos a finalização do genoma. Com essas informações disponíveis para *download* via internet, qualquer pesquisador poderia – no melhor dos mundos virtuais – modelá-las em computador e investigá-las de forma abstrata, *in silico*, simulando propriedades das proteínas correspondentes, comparando-as com outras proteínas conhecidas e – mais importante – tentando encontrar ou construir outras moléculas que atuem sobre proteínas humanas de interesse, bloqueando-as ou ativando-as para eventualmente obter certos efeitos no metabolismo e no corpo (no limite, o cientista pode também sintetizar a sequência de DNA que atraiu seu interesse no banco de dados e empregar a construção gênica rematerializada em ensaios *in vitro* e *in vivo*, por exemplo confeccionando camundongos *knockout* ou *knockdown*, em que a expressão da proteína ou do transcrito especificado num gene é bloqueado ou diminuído).

Acumular informação molecular em formato digital visa a levar o estudo da vida até um patamar totalmente novo, porque facilita em princípio técnicas analíticas que se apoiam na matemática da probabilidade e a exploram, afirma Zweiger. A bioinformática, enfim, induz a tamanha transformação no campo da pesquisa em biologia que já foi qualificada inevitavelmente como "mudança de paradigma" – isso já em 1991, e por ninguém menos que Walter Gilbert, que, além de ter obtido um Nobel por sua contribuição na criação de métodos para sequenciar DNA, estabeleceu a transcrição do genoma humano como o Santo Graal da biologia: "Para usar esse dilúvio de conhecimento que vai inundar as redes de computadores do mundo, os biólogos não só precisam tornar-se versados em computadores como também mudar sua abordagem do problema do entendimento da vida" (citado por Zweiger, 2001, p.60).

Outra maneira de contextualizar esse nascimento de uma tecnobiologia é entendê-la como parte de uma transformação mais ampla da socioeconomia mundial, o que Laymert Garcia dos Santos chamou, tomando de empréstimo um termo de Catherine Waldby, de "virada cibernética" (Santos, 2005, p.129). Mais do que uma virada cultural, em que a própria cultura se torna mercadoria, o que se observa é a mobilização de todas as esferas, inclusive a da vida, como matéria-prima para o movimento de acumulação do capital, cuja força motriz se desloca mais e mais da produção industrial para a esfera da ciência e da tecnologia. Scott Lash também enxerga esses dois momentos – a transformação cultural (ou transmutação da arte em "tecnoarte") e a submissão da vida ao conhecimento (tecnociência) – como integrantes de um movimento mais geral de "informacionalização" (Lash, 2002, p.viii e 22) das formas de vida, sejam elas orgânicas ou socioculturais. A tecnobiologia genômica, assim, não teria toda a proeminência estrutural e histórica que lhe querem imprimir os autores ávidos por definir e batizar novas eras, como Rifkin (1998, 2001) ou Watson & Berry (2003). Não há nada de tão peculiar na biotecnologia, a não ser o excepcional momento adquirido pelo sistema tecnológico montado em seu nome ao redor do empreendimento genômico.

Mesmo que não estejamos presenciando o alvorecer de uma Era da Biotecnologia ou da Revolução Genômica, não se deve subestimar a profundidade da transformação por que passou a biologia nos últimos cinquenta anos, em especial na última década. Sua concepção como ciência informacional, fundada sobre a metáfora pré-formacionista do gene como informação, se encontra hoje tão difundida que ninguém mais pensa nela como uma analogia, nem mesmo os biólogos moleculares cujos resultados de pesquisa promovem sua contínua erosão (como se viu mais atrás). Quando falam em gene, têm em vista duas entidades muito diversas, o que talvez explique o excedente de sentido de que se revestiu no imaginário social: de um lado, o gene particulado, ou seja, a unidade hereditária direcionalmente associada com a manifestação de uma característica fenotípica, na condição de sua causa; de outro, uma sequência de DNA transcrita e processada na forma de RNA, que servirá de molde para a síntese de determinada proteína. A primeira não passa de uma construção teórica, anterior à definição do DNA como molécula da hereditariedade e à própria biologia molecular, portanto. A ausência de um substrato físico, porém, não impediu que norteasse a constituição de uma ciência prolífica, a genética, na primeira metade do século XX. Ainda mais problemática se tornou sua sobrevivência após a descoberta da estrutura molecular do DNA e a chamada decifração do código genético, ambas na segunda metade do século passado, quando se tornou a pedra angular do *genocentrismo*, vale dizer, do emprego retórico de noções pré-formacionistas (determinismo genético, atenuado ou não) em favor de um programa de pesquisa molecular com vocação hegemonista, a genômica.

A análise mais penetrante desse conceito biarticulado do gene como informação, já mencionada no Capítulo 2, foi realizada por Lenny Moss, seguindo a trilha aberta pelas pioneiras da crítica ao genocentrismo (Evelyn Fox Keller, Susan Oyama e Lily Kay) e pela perspectiva teórica oferecida pela teoria de sistemas de desenvolvimento (ou DST). Em *What Genes Can't Do* (O que os genes não podem fazer) (Moss, 2003), ele aprofunda a análise e descreve a noção dúplice corrente como um acoplamento arbitrário dos conceitos que chama de *Gene-P* e *Gene-D*:

> O gene pré-formacionista (Gene-P) prediz fenótipos, mas unicamente em uma base experimental, na qual se podem obter benefícios médicos e/ou econômicos imediatos. O gene da epigênese (Gene-D), em contraste, é um recurso desenvolvimental que fornece *moldes* possíveis para a síntese de RNA e proteínas, mas que não tem em si mesmo qualquer relação determinada com fenótipos organísmicos. A ideia aparentemente dominante de que genes constituem informação para características (e plantas arquitetônicas para organismos) está baseada, defendo, em uma conjunção indevida desses dois sentidos, mantidos efetivamente reunidos por um adesivo retórico. (Ibidem, p.xiv)

No caso do Gene-P, Moss se refere àqueles poucos casos em que se pode estabelecer uma relação direta entre genótipo e fenótipo, ainda que em geral de maneira negativa – a sequência de DNA que, alterada por mutação ou por intrusão de outros elementos genômicos, leva à manifestação de uma característica fenotípica na forma de doença genética, ou erros inatos de metabolismo, como a fibrose cística. Apesar de raras e cunhadas na deficiência, essas instâncias ainda servem de modelo para generalizar a relação positiva entre genótipo e fenótipo como direcional e determinada, ou seja, tendo o gene como portador da característica pré-formada. Mesmo diante da inconstância manifesta dessa relação, que já em 1911 levara o dinamarquês Wilhelm Johannsen a cunhar os próprios termos *genótipo* e *fenótipo* para enfatizar sua relativa independência e a influência do ambiente encapsulada no conceito de *norma de reação* (Moss, 2003, p.30), a tendência de substancialização pré-formacionista buscou incorporar essa elasticidade do fenótipo como propriedades do próprio gene, com as noções de *penetrância* (frequência estatística com que um traço genotípico é expresso no fenótipo) e *expressividade* (grau de expressão da característica no fenótipo), noções introduzidas por Vogt em 1926 (Moss, 2003, p.28).

A conceituação do Gene-D como *recurso desenvolvimental* tem sua raiz na DST propugnada por Susan Oyama, a perspectiva teórica que se convencionou chamar de *interacionismo*, e visa justamente a acentuar que a manifestação de uma característica no fenótipo resulta sempre da interação de múltiplos recursos no processo de desenvolvimento do organismo (da compartimentação do óvulo por meio de membranas às características físico-químicas do ninho e do nicho ecológico), em que o DNA é apenas um recurso entre outros. Mesmo que não adote uma perspectiva interacionista, na prática de laboratório o biólogo molecular trabalha com uma noção operacional de gene (unidade de transcrição) que está mais próxima do Gene-D do que do Gene-P; tanto é assim que, na maior parte do tempo, o grosso do trabalho genômico se resume a sequenciar (soletrar) "genes" dos quais não se conhece a função. Eles só adquirem a posição central e de comando do processo quando acrescidos da dimensão metafórica implícita no Gene-P, a articulação "indevida" de que fala Moss, que segundo ele é efetuada de maneira retórica, justamente, pela noção de gene como *informação* (ibidem, p.50). Com suas ressonâncias linguísticas, a classe de metáforas (código, texto, cifra, programa etc.) embutida no gene como informação lhe devolve artificialmente, pelo acoplamento de facetas contraditórias, a dimensão semântica de que havia sido desprovido na sua acepção particulada, pré-formacionista, vale dizer, ao ser separado do contexto desenvolvimental, sem o qual não se pode pensar em sentido biológico (função). A metáfora da *informação genética* é uma quimera que condena à coabitação, numa única representação, a partícula totipotente, capaz por si só de engendrar efeitos nela pré-formados, e o recurso desenvolvimental que depende da interação com outros recursos disponíveis num ambiente com razoável grau de regularidade para produzir e manter o organismo.

Para Lily Kay, no entanto, nem mesmo de uma metáfora se trata, no caso do gene como informação, mas sim de uma catacrese – um deslocamento de sentido, a partir de uma metáfora anterior, ela própria problemática, cunhada no campo da teoria da informação e da cibernética de Claude Shannon, Warren Weaver[2] e Norbert Wiener, a partir de 1949. Ao se apropriar da noção comum de informação como comunicação que faz sentido, a disciplina nascente do comando, comunicação e controle em máquinas a despiu precisamente da dimensão semântica, inteiramente divorciada do conteúdo (Kay, 2000, p.20), portanto concebendo metaforicamente o funcionamento de máquinas como um processo de comunicação, ainda que sem sujeitos nos papéis de emissor ou de receptor. Com a catacrese, isto é, o deslocamento desse conceito para forjar o de *informação biológica (genética)*, essa restrição de origem como que se oculta na ressignificação pré-formacionista, mas apenas retoricamente, sem base empírica:

> A medida de informação de Wiener-Shannon é um fenômeno puramente estocástico que diz respeito à raridade estatística de sinais. O que esses sinais significam ou querem dizer, ou quais são seu valor ou sua verdade, não pode ser inferido por meio da teoria da comunicação. ... A teoria da informação, portanto, não pode

---

[2] Weaver, sintomaticamente, havia dirigido a área de ciências naturais na Fundação Rockefeller antes da Segunda Guerra Mundial, posição em que fomentou pesquisas no campo que em 1938 ele mesmo havia batizado, de maneira premonitória, como "biologia molecular" (Judson, 1996, p.53).

servir para legitimar o texto de DNA ou o Livro da Vida como fonte de sentido biológico. Mesmo que fosse possível determinar matematicamente (em bits) o conteúdo de informação de uma mensagem genômica ou de uma "sentença" no Livro da Vida, isso não forneceria semântica alguma, a não ser que seu contexto (genômico, celular, organísmico, ambiental) pudesse ser propriamente especificado. (Kay, 2000, p.21)

A mesma objeção já havia sido levantada por Bernd-Olaf Küppers, que, acompanhando Carl Friedrich von Weizsäcker, principia por questionar até mesmo a noção de informação absoluta de Shannon, entendendo que a própria probabilidade prévia (historicamente determinada) de ocorrência do sinal abre a porta dos fundos para o retorno do contexto e do aspecto semântico à teoria da informação (Küppers, 1990, p.33). Aplicado à biologia, ademais, tal conceito se revela inútil, porque implicaria atribuir a mesma quantidade de informação a sequências de DNA especificadoras de proteínas muito diversas, com graus divergentes de complexidade (ibidem, p.48). Para além dessa relação conflituada com a semântica do mundo vivo, o deslocamento da noção de informação de Shannon para recobrir a de gene tem a desvantagem de omitir o que seria a sua decisiva *pragmática*, nos termos do autor alemão: "a protossemântica da informação genética é decidida pela capacidade de um sistema vivo de sustentar a si mesmo pela reprodução. Este é o equivalente biológico da tese de que a informação só pode ser alguma coisa que produz ela própria informação" (ibidem, p.50). Mais adiante: "O processo de hereditariedade e a transformação pragmática da informação hereditária no processo de morfogênese repousam precisamente sobre a função 'confirmatória' da informação hereditária" (ibidem, p.55). Em termos darwinianos, a pragmática biológica está corporificada na *seleção natural*, e o sentido da informação biológica (muito além da noção de Shannon), na *adaptação*.

De início, porém, essa deficiência do conceito de informação genética não foi detectada nem mesmo por pensadores sociais – ao contrário, a noção foi por alguns deles celebrada como indicativa de uma unidade mais profunda, subjacente tanto ao código genético quanto à língua. É o que se pode depreender, fazendo um pequeno e instrutivo desvio histórico, do debate televisivo que reuniu um grupo improvável noutra época que não a da decifração final da correspondência entre *códons* (tercetos de bases nitrogenadas do DNA) e os aminoácidos das cadeias proteicas: o biólogo molecular François Jacob, o linguista Roman Jakobson, o antropólogo Claude Lévi-Strauss e o geneticista Philipe L'Héritier.[3] Fica evidente na discussão que predomina entre os presentes uma noção maquinal de comunicação, à maneira de Shannon e Wiener, que faz tábula rasa de emissores e receptores vivos, precondição para que Jakobson vislumbre "não somente analogias longínquas, não só isomorfismos, mas até aproximações muito mais profundas e importantes do que [*ele entende*] por linguística e também do que como [*lhe*] disseram os biólogos ser a biologia" (Les Lettres Françaises, 1968a, p.4). Com seu fascínio pela recém-descoberta arbitrariedade dos elementos da linguagem e pela articulação combinatória e hierárquica desses elementos para produzir uma infinidade de enunciados, segundo regras fundamentais que não se encontram nem nos elementos nem nos enunciados, Lévi-Strauss afirma:

> Aí está a origem da noção de estrutura que se encontra, por um lado, na linguística, mas eu não gostaria de omitir tampouco a biologia, uma vez que ela foi formulada, em termos que são ademais extremamente próximos daqueles que os antropólogos podem utilizar hoje para o estudo das sociedades humanas, por um biólogo como D'Arcy Wentworth Thompson, na Inglaterra, há já algumas dezenas de anos. (Les Lettres Françaises, 1968a, p.5)

---

3 No programa de Gerard Chouchan e Michel Tréguer levado ao ar em 19 de fevereiro de 1968 pela ORTF, transcrito e publicado em 14 e 21 de fevereiro de 1968 pelo semanário *Les Lettres françaises*, que deixou de circular em 1972.

Jakobson argumenta que não é mais possível manter uma "cortina de ferro" entre a cultura e a natureza e que a língua – por sua identidade de código com a genética – faz a ligação dos domínios antes separados. O próprio Lévi-Strauss levanta mais adiante a questão da *significação* como fulcro da analogia entre genética e linguagem, o que reintroduz no debate a figura do agente decodificador (presente na linguagem, ausente na genética), logo descartada pelo antropólogo, no entanto, quando define a significação em termos unicamente estruturais, e não dialógicos nem pragmáticos: "[A]final de contas, significar é traduzir, é a percepção de uma homologia de estrutura entre um código A e um código B. E isso, me parece, é o que se passa nos fenômenos biológicos que os senhores estudam" (ibidem, p.7).

Como se pôde ver nesse breve desvio, não foi somente entre pioneiros ianques da biologia molecular, necessitados como estavam de metáforas para guiar o mapeamento de um campo novo ao mesmo tempo em que o abriam, que a noção de informação genética cunhada na cibernética se tornou popular. Também no reduto da reflexão social francesa a teoria da informação na tradição de Shannon e Wiener serviu de substrato para ancorar uma noção de código descarnada o bastante para abarcar tanto a "linguagem" dos genes quanto a língua humana propriamente dita – vale dizer, para obscurecer o cerne metafórico dessa aproximação violenta. Genes não compõem, de fato, uma linguagem; perder de vista que *informação genética* constitui uma metáfora aduba o solo em que viceja a erva daninha do determinismo genético – quando o correto seria desenraizá-lo com questionamentos cortantes como o do título do livro de Lily Kay (2000): *Who Wrote the Book of Life?* (Quem escreveu o Livro da Vida?)

Faltaria entender, então, como uma noção assim tão deficitária (em termos de capacidade explicativa) quanto o gene como informação alcançou tamanha disseminação, seja na comunidade dos biólogos moleculares, seja na esfera pública. Duas ordens de razões utilitárias parecem estar por trás do sucesso reprodutivo desse conceito: sua rentabilidade retórica e sua rentabilidade proprietária. Com relação à primeira, como já visto em outros capítulos, parece óbvia a vantagem de empregar noções como a de Gene-P (ou uma conjunção Gene-P/Gene-D sob a égide do primeiro termo) quando se trata de convencer o público e seus representantes de que uma modalidade nova de pesquisa (a genômica) tem mais potencial para obter avanços biomédicos do que os métodos tradicionais. É mais fácil associar a promessa de cura do câncer, por exemplo, com uma espécie de partícula totipotente, portadora de um ímpeto causativo, do que com um mero recurso desenvolvimental (Gene-D), que poderá ou não estar associado com a manifestação de tumor, dependendo de uma miríade de outros fatores. Basta mencionar, a esse respeito, que dois dos genes mais incensados na imprensa como "causas" de câncer, o BRCA-1 e o BRCA-2, estão associados com no máximo 15% dos tumores de mama. Diante desse baixo rendimento, nota Moss (2003, p.182), a teoria da carcinogênese transitou quase imperceptivelmente da mutação somática como causa para a ideia muito mais vaga de suscetibilidade genômica, ainda assim um bom nicho de mercado para testes diagnósticos genéticos, por exemplo. A utilidade exclusivamente retórica já é reconhecida com sinceridade chocante por geneticistas como John Avise, da Universidade da Geórgia, nos Estados Unidos: "a noção do genoma como um 'livro da vida' ajudou a focalizar e a *vender* o projeto de sequenciamento do genoma humano" (Avise, 2001, p.86; grifo nosso).

Se fosse apenas um expediente retórico, porém, o gene como informação talvez não tivesse sobrevivido ao contínuo ataque epistemológico dos críticos do genocentrismo. Se vingou e proliferou, foi também porque é uma construção inteiramente propícia à apropriação, na forma de *propriedade intelectual*. Não é o caso de dizer, obviamente, que a confluência de teoria da informação e biologia molecular, iniciada nos anos 1950, tenha tido por objetivo e motivação, desde sempre, a obtenção de sequências de DNA patenteáveis, o que seria um anacronismo; é fato, contudo, que essa noção se adaptou extraordinariamente bem ao novo ambiente da mundialização do capital, em que a propriedade intelectual se transformou paulatinamente num dos principais focos – se não o principal – de produção de valor, conforme afirmam Lash (2002) e Santos (2005). Como o conceito de propriedade intelectual não comporta (ou não comportava) a proteção privilegiada de objetos naturais descobertos ou sem utilidade definida, o gene como informação veio a oferecer um mínimo de artificialidade e abstração – por meio de seu desenraizamento do emaranhado viscoso de recursos desenvolvimentais – e de aplicabilidade imanente (pré-formada), permitindo com isso a inclusão de sequências de DNA na alçada da legislação de propriedade intelectual, consideravelmente flexibilizada a partir da histórica decisão de 1980, pela Suprema Corte dos Estados Unidos, em favor de Ananda Chakrabarty e da General Electric, que obtiveram a patente do primeiro organismo vivo, uma bactéria selecionada para utilização industrial.

Desprovido da semântica do desenvolvimento organísmico e da pragmática da seleção natural, as únicas capazes de lhe conferir sentido biológico, o gene-informação deixa de ser visto como recurso desenvolvimental para se tornar um recurso meramente bioquímico, simples instrução (linha ou módulo de código) que pode ser incorporada em princípio a qualquer programa animador de um sistema vivo. Encontra-se reduzido, enfim, a uma sintaxe vazia. Nesta acepção, o primeiro atributo do DNA-informação vislumbrado no Dogma Central de Francis Crick é a *mobilidade*: "A especificidade estava vinculada à matéria, enquanto a informação era móvel, transportando a memória da forma para além dos vínculos materiais. A informação era a alma e o logos do corpo. A informação era repassada do emissor para o receptor; a especificidade era solitária e muda", assinala Kay (2000, p.175). Pode, assim, ser transferida de ser vivo para ser vivo, de seres vivos para bancos de dados, ou entre bancos de dados, inserindo-se sem atrito nos fluxos de rede que caracterizam a informacionalização do mundo segundo Scott Lash.

Outro atributo do gene pré-formacionista que concorda com as novas formas de produção de valor é a sua *potencialidade* (ou *virtualidade*): ele encerra a promessa de um efeito futuro, realizável assim que for reconduzido ao contexto pragmático de um sistema vivo – seja por meio da transgenia, ou recombinação, quando o recurso bioquímico a que foi reduzido será expresso em contextos inéditos, seja em testes diagnósticos ou medicamentos revolucionários, ainda por inventar. A genômica, por exemplo, representaria uma promessa de "bem-estar futuro" (Lash, 2002, p.19), ou pelo menos de controle tecnocientífico sobre a vida: "A informação genética significou uma forma emergente de biopoder: o controle material da vida seria agora suplementado pela promessa de controlar sua forma e seu logos" (Kay, 2000, p.3). Nas palavras de Santos (2005, p.133), "a virada cibernética torna-se a quintessência do controle". Essa promessa de controle sobre efeitos futuros contida nas sequências de DNA entendidas como informação, no entanto, precisa ela mesma ser mantida sob controle, por meio da propriedade intelectual:

> O poder na era da manufatura estava ligado à propriedade como meios mecânicos de produção. Na era da informação, está ligado à propriedade intelectual. É a propriedade intelectual, especialmente na forma de patentes, direitos autorais e marcas, que põe uma nova ordem nos turbilhões fora de controle de bits e bytes de informação, de modo que eles podem ser valorizados para gerar lucro. Por exemplo, em biotecnologia, patentes sobre técnicas genômicas e formas de modificação genética concedem a firmas específicas direitos exclusivos de valorização da informação genética. (Lash, 2002, p.4)

Na formulação de Franklin (2000, p.188), os genomas que haviam sido desligados da história natural dos organismos a que pertenciam são por assim dizer "reanimados", voltam à vida, na forma de capital corporativo. É o que ela busca captar no conceito de Vida própria ("Life itself"; Franklin, 2000, p.222), que define como estratégia de acumulação, mas também como tecnologia cultural (controle), noção que encontra muitos paralelos com o conceito pioneiro de *biossocialidade* de Rabinow (1992).

Não é por acaso que todos esses autores põem ênfase na componente do *controle* como algo de fundamental no conceito cibernético de informação, em geral, e na de informação genética, em particular. Controle não só da capacidade de gerar valor e lucro, mas também e primeiramente sobre a própria vida, na transformação genética de plantas e animais, no combate molecular a moléstias hoje renitentes, na seleção de características humanas por uma espécie de eugenia positiva (de mercado) e quem sabe, um dia, até na interferência tecnobiológica sobre o comportamento humano.

Como ensina Lacey (1998, 1999), a valorização contemporânea do controle sobre a natureza – seja na forma de tecnologia, seja na de experimentação – é o ponto fraco na couraça de neutralidade erguida pela estratégia materialista de pesquisa em torno da tecnociência. Ao pretender banir toda forma de valor de sua concepção estreita da pesquisa empírica sistemática que se convencionou chamar de ciência, essa estratégia assume uma feição ideológica ao deixar de reconhecer a si mesma como estratégia fundada sobre a valorização baconiana do controle sobre a natureza. No caso da genômica, procurou-se aqui mostrar que tal ponto cego se manifesta na figura do gene como informação (e nas várias metáforas linguísticas para o DNA), ou melhor, na conjunção inapropriada do Gene-P com o Gene-D. Ao eclipsar a dimensão semântica e pragmática do organismo (morfogênese e seleção natural), a noção de DNA informacional franqueia uma sintaxe descarnada à mobilidade e à virtualidade dos bancos de dados – em poucas palavras, à apropriação e ao controle.

Isso não quer dizer, decerto, que a genômica colecione apenas resultados incorretos ou inválidos. O fato de fornecerem explicações parciais e até mesmo enviesadas não invalida, por princípio, seu conteúdo empírico. Nada há de fundamentalmente errado, tampouco, com adotar uma tal estratégia de pesquisa, pois esta lhe confere uma *direcionalidade*: "Valores permeiam, e devem permear, as práticas científicas e (numa medida significativa) respondem pela direção da investigação e pelos tipos de possibilidades que se tenta encapsular nas teorias" (Lacey, 1999, p.256). O problema, claro, está em escamotear a presença e a influência desses valores. Da mesma maneira, a crítica aqui empreendida do genocentrismo e da metáfora informacional do gene que lhe dá sustentação não deve ser entendida como uma recusa e uma negação peremptórias do papel das metáforas na formulação de teorias e na adoção de estratégias de pesquisa; mais uma vez, a objeção se levanta contra fazê-lo de maneira irrefletida, abrindo o espaço conceitual para a acumulação de camadas e mais camadas de sentidos indesejáveis. Neste caso, as metáforas se desgovernam, ganham autonomia e se afastam progressivamente da complexidade que deveriam contribuir para domar e apreender, antes de mais nada; o que nasceu como simples analogia se aproxima assim, perigosamente, de se tornar uma ontologia (Kay, 2000, p.331).

O gene não é nem contém toda a informação biológica; com o DNA não se escreve texto algum; e o genoma humano nunca foi nem será o Livro da Vida. Essa constelação de construções metafóricas pode ter cumprido papel heurístico no passado, contribuindo para pôr de pé um dos mais ricos e prolíficos programas de pesquisa – a biologia molecular – de todos os tempos. Mas, assim como Lacey defende uma ampliação (ou um resgate) do conceito de ciência como pesquisa empírica sistemática para além dos limites da estratégia materialista que a circunscreve à tecnociência experimental e fundada no controle, cabe aqui, mais do que defender, constatar que é chegada a hora de reformar ou substituir o complexo de analogias que tem sustentado a biologia molecular e, em particular, a genômica. O que falta resgatar, neste caso, é a dimensão desenvolvimental do organismo nutrida pela perspectiva teórica da DST de Susan Oyama, Paul Griffiths, Lenny Moss, Lily Kay e outros. Isso de certo modo já está em curso, com o movimento progressivo de biólogos moleculares para as águas turbulentas da epigenética e da biologia de sistemas, mas poucos deles se dão conta de que termos como *epigenética* têm uma história que torna contraditório empregá-los lado a lado com metáforas pré-formacionistas como as de gene como informação e genoma como Livro da Vida.

"Embora seja improvável que alguma metáfora vá ser informativa em todos os aspectos, qualquer perspectiva nova que encare o genoma como uma comunidade interativa de *loci* em evolução pode ser especialmente útil e estimulante neste momento", concede John Avise (2001, p.87) no mesmo texto em que justificava "vender" o genoma humano como Livro da Vida. Não é ainda uma plena incorporação da importância do ambiente e do desenvolvimento, mas já se trata de um avanço (entre possíveis novas metáforas, o autor inclui figuras mais dinâmicas do genoma como coletivo social, divisão complexa de trabalho, ou como ecossistema). Curiosamente, o interacionista Lenny Moss, ao discutir em seu livro a necessidade de remetaforizar a noção de gene, não abandona o universo referencial linguístico, defendendo na realidade uma "troca de marcha retórica" pela incorporação de uma dimensão dialógica à analogia: "O entendimento do Gene-D como um recurso molecular dependente do contexto é adequadamente complementado pela 'metafórica' da construção dialógica de sentido no contexto, e tal metafórica pode com efeito ser produtiva para induzir intuições que os biólogos serão capazes de realizar com novos desenhos experimentais" (Moss, 2003, p.73). Como diz Avise (2001, p.86), "metáforas em ciência são como sirenes de neblina e faróis costeiros: em geral se encontram em áreas traiçoeiras, mas também podem guiar os marinheiros da pesquisa até novos portos".

Qualquer que seja a metáfora para rejuvenescer a biologia molecular, se antigas analogias linguísticas em nova engrenagem ou outras figuras de todo inovadoras, não resta dúvida de que a retórica associada até aqui com a genômica necessita enfrentar um vendaval para se livrar do lastro indesejável de agitação e propaganda acumulado em duas décadas de Projeto Genoma Humano.

EPÍLOGO

A tese central deste livro, tal como enunciada no seu prólogo, é que a comoção e a aceitação públicas produzidas pelo Projeto Genoma Humano só se explicam pela mobilização retórica e política, nas interfaces com a esfera pública leiga, de um determinismo genético crescentemente inconciliável com os resultados empíricos obtidos no curso da própria pesquisa genômica. Aqui se buscou mostrar que a complexidade empiricamente constatada da arquitetura do genoma e de suas interações com a célula, o organismo e o meio circundante desautorizam a manutenção da causalidade simples e unidirecional pressuposta na noção de gene como único portador de *informação*, esteio da doutrina da ação gênica, do determinismo genético e do genocentrismo. Também se expôs que, apesar disso, o complexo de metáforas informacionais continua vivo nas manifestações publicadas dos biólogos moleculares, um discurso ambíguo que modula graus variados de retórica determinista conforme se dirija aos próprios pares ou, indireta e diretamente, ao público leigo.

Tal análise foi empreendida numa chave interpretativa que buscou escapar das armadilhas representadas tanto pela oscilação entre visões prometeicas (otimistas) e fáusticas (alarmistas) da tecnociência quanto do determinismo tecnológico que faz dessa ciência submetida pela valorização moderna do controle o núcleo ativo e exclusivo do processo de mudança social e da história, algo que não deve ser tomado como verdadeiro nem para o bem, nem para o mal, nem para o passado, nem para o presente. A autonomização da tecnologia em relação aos homens e suas ações e intenções não é completa, como sugere a literatura do determinismo tecnológico. Uma descrição mais penetrante e menos imobilizante dessa tensão se encontra na noção de *momento adquirido por sistemas tecnológicos* proposta por Thomas Hughes – algo que pode ser quebrado, ou vetorialmente redirecionado, como ocorreu historicamente com a reação pública, em vários países, contra a energia nuclear e, mais recentemente, problematizando a adoção de cultivares transgênicos.

A recusa da dicotomia fáustico/prometéico delineada por Hermínio Martins, assim como do determinismo tecnológico, não quer dizer que a interpretação oferecida careça de ponto de vista. Ao contrário: a perspectiva assumida foi a da atitude preconizada pela teoria crítica diante da ciência e da tecnologia, ainda que não apocalíptica, por concluir dos debates abertos pela Escola de Frankfurt que o problema digno de atenção está mais na redução da ciência à técnica (como em Jürgen Habermas e Hugh Lacey), uma figura histórica, do que em uma alegada característica transcendentalmente dominadora da razão instrumental (como em Theodor Adorno e vários escritos de Herbert Marcuse). Esta visão menos maligna da tecnociência não se confunde, além do mais, com uma confiança cega na sua capacidade autorreformadora. A emancipação visada pela proposta de superação do momento adquirido pelos sistemas tecnológicos é uma possibilidade concreta, mas o risco de um colapso social e ecológico não é menos real que ela. O resultado final dependerá da ação política, não da confiança nos sistemas especialistas.

Entre os componentes decisivos dessa nova política (ou subpolítica, nos termos de Ulrich Beck) está a crítica da tecnociência, que vê voltar-se contra si mesma a ferramenta abrasiva do ceticismo que deu ímpeto à primeira modernidade, mas se esclerosou com a colonização da ideia de ciência como pesquisa empírica sistemática pela estratégia materialista e pelo valor exacerbado do controle, segundo a análise de Hugh Lacey. É preciso retomar o escopo original da investigação científica de abranger todas as possibilidades (não só aquelas passíveis de interferência) e submetê-las à confirmação empírica (a qual, diga-se, não se resume ao contexto experimental, em que a diversidade da observação é canalizada para o prisma redutor do controle tecnológico). Essa forma de crítica social da tecnociência não deve se resumir, no entanto, a uma atividade teórica ou acadêmica, mas sim engajar a esfera pública, melhor dizendo, a federação de esferas públicas articuladas em que os homens de determinada época desenvolvem um saber reflexivo sobre aquilo que representam como sociedade.

Na passagem do século XX para o XXI, com a finalização do Projeto Genoma Humano, as biotecnologias passaram a ocupar o centro nervoso da empreitada tecnocientífica. De uma perspectiva tecnológico-determinista, isso bastou para que se falasse em Era da Biotecnologia, ou Era do Genoma, como fez entre outros Jeremy Rifkin, apesar de não possuírem elas o mesmo potencial refundador da base econômica da informática, por exemplo. Mesmo assim, as biotecnologias ganham papel de relevo sob dois ângulos importantes: 1. Pelo papel que podem vir a desempenhar na solução de problemas crônicos de sustentabilidade ecológico-econômica (oferta de energia e destinação de rejeitos, por meio de prospecção no enciclopédico repertório de vias metabólicas mantido por microrganismos), como defende Annemieke Roobeek; 2. Pelo reposicionamento que desencadeiam da fronteira entre natureza e cultura, em particular no que respeita ao ser humano, por exemplo com a redefinição dos conceitos de normalidade diante da provável oferta crescente de serviços ortogênicos no mercado.

O esfumaçamento dos limites entre natureza e cultura não se resolve, porém, com a decisão de ignorá-los, como faz a sociobiologia reencarnada na psicologia evolucionista de Leda Cosmides, John Tooby e Steven Pinker. Decerto ele projeta sombras sobre a autonomia durkheimiana do fato social, na medida em que doravante as representações e convicções sobre a pessoa humana sofrem a influência adicional de fatos extrassociais, mas também põe em crise o determinismo biológico, uma vez que deixa de ser possível invocar como substrato imutável do comportamento humano uma "natureza" já franqueada para as manipulações e maquinações da tecnociência. De fundamento da vida social pressuposto nessa perspectiva naturalista, a natureza humana se converte em um horizonte fugidio, como diz Susan Franklin. O caráter movediço dessa fronteira engendra o que se poderia chamar de ansiedade ética, como está representada nas obras de Jürgen Habermas e Francis Fukuyama sobre o futuro da natureza humana, ameaçada em sua qualidade de um incondicionado, de ancoradouro para um sistema mínimo que seja de valores universalizantes.

Uma disposição menos judicativa e mais fleumática diante da ciência e da tecnologia encontra eco na atitude etnográfica preconizada por Paul Rabinow diante do que chama de *biossocialidade*, os novos circuitos de identidade que emergem na esteira das biotecnologias e do Projeto Genoma Humano. Foi esta uma inspiração central neste trabalho, que buscou inventariar e descrever o sistema de símbolos (metáforas, no caso) veiculado na principal manifestação cultural no campo da ciência natural, suas publicações em periódicos auditados (com *peer review*). Encontrou-se que, um século depois de ter sido cunhada como conceito apenas teórico, sem correlato empírico conhecido, a noção de gene como partícula de hereditariedade pré-formadora de características dos organismos se encontra em plena atividade, revivificada que foi a partir dos anos 1950 pela superimposição da noção cibernética de *informação*. Quando da divulgação do sequenciamento (soletração) do genoma humano em 2001, porém, essa visão determinista e genocêntrica já se encontrava sob duas décadas de fogo cruzado, enfrentando de um lado a incongruência empírica de um genoma complexo em interação com o organismo e seu meio, e, de outro, o assalto teórico pelos críticos do determinismo reunidos na ótica de um interacionismo construtivista e da nascente teoria de sistemas desenvolvimentais (DST), capitaneada por Susan Oyama. Com isso, revela a análise dos textos, a retórica das manifestações de biólogos moleculares oscila constantemente entre polos mais e menos deterministas e genocêntricos, dependendo do público e do efeito visados – uma vez que a noção de gene como informação comprovou-se muito mais eficaz, historicamente, como ponto de venda da empreitada bilionária do genoma. Não pode, por isso, ser abandonada abruptamente, inclusive porque penetrou fundo nos esquemas mentais de que se servem os mesmos pesquisadores, como demonstra à farta o discurso francamente ideológico e propagandístico de um James Watson. Como seus pares, ele se entrega a uma reafirmação da fé messiânica na prometida revolução biomédica e biotecnológica, apesar das evidências empíricas de que esse dia talvez não venha, pelo menos não da forma de uma reviravolta fulgurante, como mostram Paul Nightingale e Paul Martin.

Por outro lado, é preciso registrar que as manifestações de biólogos moleculares e seus intérpretes comportam também inúmeros reconhecimentos e exemplos das limitações da abordagem genômica da biologia, a começar por manifestações algo surpreendentes de Craig Venter, o cientista que explicitou a motivação proprietária da informação genômica e foi por isso crucificado pelos cavaleiros do Graal, reunidos no Projeto Genoma Humano e comandados por John Sulston e Francis Collins. Além de referências apenas protocolares à influência do meio sobre os organismos e seu desenvolvimento, encontram-se entre seus escritos muitas reflexões sobre a necessidade de complementar o que anteriormente havia sido apresentado como coroamento da biologia com décadas mais de estudos "molhados", ou seja, de laboriosa verificação e validação obtidas nas "cozinhas repugnantes" de que fala Bruno Latour. Protagonistas da genômica também já reconhecem abertamente a importância da epigenética, entre outros exemplos de sistemas hereditários não baseados em DNA, e a necessidade de ampliar o escopo da pesquisa no sentido de uma biologia de sistemas, corroborando assim as objeções precocemente levantadas pelos opositores interacionistas, ainda que poucos biólogos moleculares lhes reconheçam o crédito e o pioneirismo.

Em que pese esse esboço de revisionismo não declarado, o campo da genômica ainda está longe de abandonar a conjunção indevida das noções de gene pré-formacionista e de gene como um recurso desenvolvimental entre outros que está por trás da metáfora do gene como informação, como assinala Lenny Moss. E as razões para isso vão além de uma simples inércia vocabular. O que essa fusão inspirada pela terminologia cibernética propicia é uma versão asséptica do gene, distanciada da natureza, puramente sintática, móvel e virtual o bastante para circular desimpedidamente nos novos circuitos de geração de valor. Esse gene bifronte que habita os bancos de dados é uma pura promessa de controle, tanto de processos antes exclusivos do organismo e ora franqueados à tecnologia quanto do potencial de valorização dessas possibilidades de intervenção. O gene como informação constitui simbólica e pragmaticamente a noção de *recurso genético* na acepção de Laymert Garcia dos Santos, passível de garimpagem e de apropriação, e apenas subsidiariamente móvel de explicação do mundo vivo.

A conclusão principal é que cabe ao cientista social que se defronta com a tecnociência em sua vertente biotecnológica empunhar as armas da crítica para desafiar o campo hegemônico da genômica a abandonar ou reformular drasticamente o complexo de metáforas deterministas que até agora lhe deu sustentação. Sem isso ela deixará de ser científica, ou seja, se afastará cada vez mais da promessa de objetividade e de imparcialidade implícita em qualquer forma de pesquisa científica, até mesmo na tecnociência.

Ao enfrentar tal desafio, entretanto, estará prestando o serviço mais relevante que a ciência natural pode oferecer – além da compreensão do mundo físico e da utilidade prática desse conhecimento – para a esfera pública: solapar, sistemática e continuamente, o hábito intelectual daninho consubstanciado no determinismo, qualquer forma de determinismo. Aqui se tratou com algum detalhe do determinismo tecnológico (expectativa vã de explicar o movimento da história pela transformação de um único fator, a técnica) e do determinismo genético (expectativa idem de explicar tanto a identidade quanto a diversidade biológica, no tempo evolutivo e no espaço organísmico, pela variação de um único fator, o DNA), mas a imagem de conhecimento objetivo como busca de poucas e todo-poderosas causas para explicar a complexidade do mundo permanece profundamente enraizada na esfera pública, tendo por fundamento uma concepção de ciência calcada na formulação de leis naturais universalizantes e na descrição de mecanismos lineares. Os efeitos sociopolíticos dessa visão afuniladora se fazem sentir muito além das discussões contemporâneas sobre tecnociência, contaminando e viciando vários outros debates – do campo da economia, em que o prisma financista se apresenta e é encarado como a física irrefutável dos mercados globalizados, ao do desenvolvimento social, em que se preconiza que todas as formas de ação sejam canalizadas para o prisma da moda no terceiro setor (educação, empreendedorismo, inovação, sustentabilidade e assim por diante).

Em que pese sua utilidade metodológica, sobretudo nos primórdios da ciência moderna, além de sua eficácia tecnológica, o determinismo balizado pela perspectiva de controle se esboroa contra um muro de complexidade erguido por certas classes de objetos, sistemas nos quais ganham peso e importância características como a historicidade, a interatividade e a espontaneidade de suas partes ou do todo. Organismo, ecossistema e vida em sociedade certamente figuram entre esses sistemas caracterizados por propriedades emergentes ou capacidade de auto-organização (autopoiese), que convivem mal com programas deterministas de investigação e pior ainda com a expectativa de controle tecnológico – o conhecimento adentra aí um território dominado por efeitos pliotrópicos, resultados não pretendidos, riscos, acidentes. Insistir no determinismo, nesses casos e a partir de certo ponto na acumulação de dados, equivale a contribuir mais para obscurecer do que para elucidar o objeto de estudo. No campo da pesquisa biológica, poucos combateram tão acirradamente essa tendência quanto Richard Lewontin, entrincheirado na ideia de que a vida, em qualquer plano, é sempre um fenômeno marcado pela confluência de um número grandioso de fatores e vias causais – vale dizer, domínio de liberdade. Por mais que certas interpretações políticas suas suscitem reserva, por esquemáticas e não tanto por políticas, ele teve o mérito e a ousadia de denunciar que o conhecimento biológico não está isento de ideologia, muito ao contrário: quando a biologia insiste no determinismo, contra as pistas empiricamente reveladas pelo próprio objeto, é provavelmente aí – entre motivações extracientíficas – que se devem mapear as razões de seu descaminho.

É precisamente esse o tipo de articulação que uma crítica da tecnociência deve rastrear e explicitar. Por exemplo, como o determinismo genético consubstanciado na doutrina da ação gênica enseja a normalização social de uma tecnobiologia, criando um tipo de circularidade entre mecanismos causais mobilizados no contexto da aplicação tecnológica e causas finais pressupostas na estrutura subjacente da matéria viva. Isso contribui para *naturalizar* a perspectiva de intervenção na natureza, na interioridade antes interditada dos seres vivos – plantas, animais e homens –, que dessa maneira passam a ser conceituados como enfeixamentos ultracomplexos de informação, mas ainda assim dotados de unidades discretas de potencial que podem ser analisadas, modificadas, transferidas e apropriadas. Em duas palavras, *recursos genéticos*, doravante passíveis de prospecção *in silico*. Conceituada como informação, a substância viva pode ser transcrita (transduzida, como se diz), manipulada, transferida e apropriada como tal. Dessa perspectiva naturalizante da operação tecnocientífica, as biotecnologias contemporâneas nada introduziriam de novo no mundo, limitando-se a criar meios crescentemente poderosos para perpetrar mais do mesmo. Para fazer frente a essa forma de colonização, a arma da sociologia cognitiva crítica é repensar o próprio conceito de informação, de maneira a sondar a oportunidade e a possibilidade de uma noção alternativa, expurgada da componente de controle que o determinismo genético lhe faz parecer essencial e que o construtivismo interacionista dissolve nas causações múltiplas atuantes em sistemas desenvolvimentais. Se for para manter a metáfora linguística como arcabouço para o entendimento da dinâmica que se estabelece entre os vários tipos de recursos herdáveis, sem prejuízo do papel crucial do DNA, que ao menos se desenvolva e amplifique a metáfora – como recomenda Moss – até um ponto que esteja à altura do próprio fenômeno da linguagem humana, com vistas a incorporar na figura as dimensões semântica e pragmática que a elevam muito acima da pobre linguagem de máquina que lhe serviu de esteio até o momento.

O movimento correlato daquela *naturalização da técnica* é a *desnaturalização da biologia*. Objeto presente ou potencial de intervenção biotecnológica, a biologia humana como que se *desnaturaliza*, artificializando-se e, nessa medida, sendo arrastada para o universo da cultura, assim como ocorrera com o ambiente – antes compreendido como algo de exterior, como o lado de lá da fronteira entre Natureza e Cultura. Não há mais garantia de que um sujeito social é apenas algo de formado (ainda que sobre uma base dada de condicionantes biológicos naturais); de ora em diante, abre-se a possibilidade de que seja também, mesmo parcialmente, construído ou fabricado, na medida em que passa a estar disponível para intervenção técnica aquilo que antes era somente dados da natureza.

Configura-se então, a partir da permeabilização da membrana entre mundo natural e mundo social, o que se poderia denominar *paradoxo do determinismo*: como tomar por fundamento dos comportamentos que compõem a cultura justamente aquilo (a natureza) que uma parte da própria cultura (a tecnologia) já franqueou para intervenção? O paradoxo não é percebido como tal graças à manutenção epistemológica e institucional da cisão entre ciências naturais e sociais, mas estas como que pressentem o risco de se tornarem socialmente irrelevantes, se não de direito, ao menos de fato, na medida em que prevalecerem na esfera pública as práticas e representações fundadas no determinismo genético, tomadas como mais objetivas porque mais eficientes, real ou imaginariamente, no domínio das aplicações. As poucas e todo-poderosas causas ansiadas numa esfera pública exausta de complexidade efetivamente não possuem a capacidade de explicar cabalmente o objeto vivo, mas ganham todo o respaldo de que necessitam para garantir, de maneira circular, que serão cumpridas todas as suas promessas de eficácia tecnológica. A metáfora do gene como informação é a face visível da moeda que tem no anverso a miragem gnóstica de uma bala de prata para curar todos os males do mundo. Ela se mantém – ou é mantida – em circulação porque anuncia aquilo que todos queremos ouvir.

O desafio, que aqui também é apresentado à guisa de conclusão, se afigura na dificuldade de realocar os quinhões devidos de espontaneidade entre o sujeito social e sua natureza (o que quer que se entenda por isso), de modo que escape simultaneamente da aporia racionalista e do determinismo genético, se não de todas as formas de determinismo pernicioso. Ainda não se inventou outro modo de fazê-lo, senão afiando as armas do ceticismo radical e da incansável verificação empírica – as armas da ciência, em seu sentido mais amplo.

REFERÊNCIAS BIBLIOGRÁFICAS

ADORNO, Theodor W., HORKHEIMER, Max. *Dialética do esclarecimento*. Fragmentos filosóficos. Tradução: Guido Antonio de Almeida. Rio de Janeiro: Zahar, 1985.

_____. Society. In: BRONNER, Stephen E., KELLNER, Douglas M. (eds.). *Critical Theory and Society*. New York: Routledge, 1989.

ATLAN, Henri. *Entre o cristal e a fumaça*: Ensaios sobre a organização do ser vivo. Tradução: Vera Ribeiro. Revisão técnica: Henrique Lins de Barros. Rio de Janeiro: Jorge Zahar Editor, 1992.

AVISE, John C. Evolving Genomic Metaphors: A New Look at the Language of DNA. *Science*, v.294, n.5540, p.86-7, 5.out.2001.

BALTIMORE, David. Our Genome Unveiled. *Nature*, v.409, n.6822, p.814-6, 15.fev.2001.

BATESON, Patrick, MARTIN, Paul. *Design for a Life*: How Behavior and Personality Develop. New York: Simon & Schuster, 2000.

BECK, Ulrich. *The Reinvention of Politics*: Rethinking Modernity in the Global Social Order. Tradução: Mark Ritter. Cambridge: Polity Press, 1996a.

_____. *Risk Society*: Towards a New Modernity. Tradução de Mark Ritter. Londres: Sage, 1996b.

BECK, Ulrich. A reinvenção da política: rumo a uma teoria da modernização reflexiva. In: GIDDENS, Anthony, BECK, Ulrich, LASH, Scott. *Modernização reflexiva*. Política, tradição e estética na ordem social moderna. Tradução: Magda Lopes. São Paulo: Editora UNESP, 1997.

BEJERANO et al. Ultraconserved Elements in the Human Genome. *Science*, v.304, n.5675, p.1321-5, 28.maio.2004.

_____. A Distal Enhancer and an Ultraconserved Exon are Derived from a Novel Retroposon. *Nature*, v.441, n.7089, p.87-90, 04.maio.2006.

BENTLEY, David R. Genomes for Medicine. *Nature*, v.429, n.6990, p.440-5, 27.maio.2004.

BERGER, Shelley L. The Histone Modification Circus. *Science*, v.292, n.5514, p.64-5, 6.abr.2001.

BIJKER, Wiebe E., Hughes, Thomas, PINCH, Trevor (eds.). *The Social Construction of Technological Systems:* New Directions in the Sociology and History of Technology. Cambridge: The MIT Press, 1984.

BIMBER, Bruce. Three Faces of Technological Determinism. In: Smith, Merritt Roe, Marx, Leo (eds.). *Does Technology Drive History?* The Dilemma of Technological Determinism. Cambridge: The MIT Press, p.79-100, 1994.

BIRNEY, Ewan, BATEMAN, Alex, CLAMP, Michelle E., HUBBARD, Tim J. Mining the Draft Human Genome. *Nature*, v.409, n.6822, p.827-8, 15.fev.2001.

BOBROW, Martin, THOMAS, Sandy. Patents in a Genetic Age. *Nature*, v.409, n.6822, p.763-764, 15.fev.2001.

BORK, Peer, COPLEY, Richard. Filling in the Gaps. *Nature*, v. 409, n.6822, p.818-20, 15.fev.2001.

BRENNER, Sydney. Hunting the Metaphor. *Science*, v.291, n.5507, p.1265-6, 16.fev.2001.

BROSIUS, Jürgen, GOULD, Stephen Jay. On "Genomenclature": A Comprehensive (and Respectful) Taxonomy for Pseudogenes and other "Junk DNA". *Proceedings of the National Academy of Sciences USA*, v.89, p.10706-10, nov.1992.

BUBELA, Tania M., CAULFIELD, Timothy A. Do the Print Media "Hype" Genetic Research? A Comparison of Newspaper Stories and Peer-Reviewed Research Papers. *Canadian Medical Association Journal*, v.170, n.9, p.1399-406, abr.2004.

BUTLER, Declan. Publication of Human Genomes Sparks Fresh Sequence Debate. *Nature*, v.409, n.6822, p.747-8, 15.feb.2001a.

_____. Are you Ready for the Revolution? *Nature*, v.409, n.6822, p.758-60, 15.fev.2001b.

BUTTEL, Frederick H. Biotechnology: An Epoch-making Technology? In: FRANSMAN, Martin, JUNNE, Gerd, ROOBEEK, Annemieke (eds.). *The Biotechnology Revolution?* Oxford: Blackwell, 1995, p.25-45.

_____. Social Institutions and Environmental Change. In: REDCLIFT, Michael, WOODGATE, Graham (eds.). *The International Handbook of Environmental Sociology*. Cheltenham, Reino Unido: Edward Elgar, 1997, p.40-54.

CAMARGO, Anamaria A. et al. The Contribution of 700,000 ORF Sequence Tags to the Definition of the Human Transcriptome. *PNAS*, v.98, n.21, p.12103-8, 9.out.2001.

CHAKRAVARTI, Aravinda. ... To a Future of Genetic Medicine. *Nature*, v.409, n.6822, p.822-3, 15.fev.2001.

CHO, Mildred K. et al. Ethical Considerations in Synthesizing a Minimal Genome. *Science*, v.286, n.5447, p.2087-90, 10.dez.1999.

CLAVERIE, Jean-Michel. What if There are only 30,000 Human Genes? *Science*, v.291, n.5507, p.1255-7, 16.fev.2001.

COLLINS, Francis. The Heritage of Humanity. *Nature*, v.S1, p.9-12, 2006. Disponível em: http://www.nature.com/nature/supplements/collections/humangenome/commentaries/0009hgc.pdf.

COLLINS, Francis, GREEN, Eric D., GUTTMACHER, Alan E., GUYER, Mark S. A Vision for the Future of Genomics Research. A Blueprint for the Genomic Era. *Nature*, v.422, n.6934, p.835-47, 24.abr.2003a.

COLLINS, Francis, MORGAN, Michael, PATRINOS, Aristides. The Human Genome Project: Lessons from Large-Scale Biology. *Science*, v.300, n.5617, p.286-96, 11.abr.2003b.

COMMONER, Barry. Unravelling the DNA myth. *Harper's Magazine*. p.39-47, fev.2002.

DENNIS, Carina, GALLAGHER, Richard, CAMPBELL, Philip. Everyone's genome. *Nature*, v.409, n.6822, p.813, 15.fev.2001.

DOVER, Gabriel. Anti-Dawkins. In: Rose, Hilary, Rose, Steven (eds.). *Alas, poor Darwin:* Arguments Against Evolutionary Psychology. New York: Harmony Books, 2000, p.55-77.

DULBECCO, Renato. *Os genes e o nosso futuro*. Tradução: Marlena Maria Lichaa. São Paulo: Best Seller, 1997.

DURKHEIM, Émile. As regras do método sociológico. In: . *Durkheim*. Tradução: Margarida Garrido Esteves. São Paulo: Abril Cultural, 1978, p.71-161. (Os Pensadores)

ELLUL, Jacques. *The Technological Society*. Tradução: John Wilkinson. New York: Vintage Books, 1964.

FAIRBURN, Hannah R. et al. Epigenetic Reprogramming: How now, Cloned Cow? *Current Biology*, v.12, p.R68-R70, 2002.

FRANKLIN, Sarah. Life Itself. Global Nature and the Genetic Imaginary. In: FRANKLIN, Sarah, LURY, Celia, STACEY, Jackie. *Global nature, Global Culture*. Londres: Sage, 2000, p.188-227.

FRANSMAN, Martin, JUNNE, Gerd, ROOBEEK, Annemieke (eds.). *The Biotechnology Revolution?* Oxford: Blackwell, 1995.

FRAZIER, Marvin E., JOHNSON, Gary M., THOMASSEN, David G., OLIVER, Carl E., PATRINOS, Aristides. Realizing the Potential of the Genome Revolution. The Genomes to Life program. *Science*, v.300, n.5617, p.290-3, 11.abr.2003.

FUKUYAMA, Francis. *Our Post-Human Future*. Consequences of the Biotechnology Revolution. New York: Farrar, Straus and Giroux, 2002.

GALAS, David J. Making Sense of the Sequence. *Science*, v.291, n.5507, p.1257-60, 16.fev.2001.

GELBART, William M. Databases in Genomic Research. *Science*, v.2, n.5389, p.659-61, 23.out.1998.

GIDDENS, Anthony. *As consequências da modernidade*. Tradução: Raul Fiker. São Paulo: Editora UNESP, 1991.

GIDDENS, Anthony, BECK, Ulrich, LASH, Scott. *Modernização reflexiva*. Política, tradição e estética na ordem social moderna. Tradução: Magda Lopes. São Paulo: Editora UNESP, 1997.

GILBERT, Walter. A Vision of the Grail. In: KEVLES, Daniel J., HOOD, Leroy (eds.). *The Code of Codes*. Scientific and Social Issues in the Human Genome Project. Cambridge: Harvard University Press, 1993.

GODFREY-Smith, Peter. On the Status and Explanatory Structure of Developmental Systems Theory. In: OYAMA, Susan, GRIFFITHS, Paul E., GRAY, Russell D. (eds.). *Cycles of Contingency*. Developmental systems and evolution. Cambridge, Mass.: Bradford/The MIT Press, 2001, p.283-97.

GOULD, Stephen Jay. Humbled by the Genome's Mysteries. *The New York Times*. 19.fev.2001.

_____. *The Structure of Evolutionary Theory*. Cambridge, MA: Harvard University Press, 2002.

GRATZER, Walter B. Introduction. In: Watson, James D. *A Passion for DNA*. Cold Spring Harbor: CSHL Press, 2000.

HABERMAS, Jürgen. Aufgaben einer kritischen Gesellschaftstheorie. In: *Theorie des kommunikativen Handelns*. Frankfurt: Suhrkamp, 1982.

HABERMAS, Jürgen. *Técnica e ciência como "ideologia"*. Tradução de Artur Morão. Lisboa: Edições 70, 1993.

HABERMAS, Jürgen. *O discurso filosófico da modernidade.* Tradução: Luiz Sérgio Repa e Rodnei Nascimento. São Paulo: Martins Fontes, 2000.

_____. *Die Zukunft der menschlichen Natur. Auf dem Weg zu einer liberalen Eugenik?* Frankfurt: Suhrkamp Verlag, 2001.

HARAWAY, Donna. *Modest_Witness@Second_Millennium. FemaleMon@Meets_OncoMouse™.* Feminism and Technoscience. New York: Routledge: 1997.

HEILBRONER, Robert L. Do Machines Make History? In: SMITH, Merritt Roe, MARX, Leo (eds.). *Does Technology Drive History?* The Dilemma of Technological Determinism. Cambridge, MA: The MIT Press, 1994, p.53-78.

HOOD, Leroy. Biology and Medicine in the Twenty-first Century. In: KEVLES, Daniel J., HOOD, Leroy (eds.). *The Code of Codes.* Scientific and Social Issues in the Human Genome Project. Cambridge, EUA: Harvard University Press, 1993, p.136-63.

HORKHEIMER, Max. Teoria tradicional e teoria crítica. In: . *Textos escolhidos.* São Paulo: Abril Cultural, 1980. (Os Pensadores)

HUBBARD, Ruth, WALD, Elijah. *Exploding the Gene Myth:* How Genetic Information is Produced and Manipulated by Scientists, Physicians, Employers, Insurance Companies, Educators, and Law Enforcers. Boston: Beacon Press, 1997.

HUGHES, Thomas. Technological momentum. In: SMITH, Merritt Roe, MARX, Leo (eds.). *Does Technology Drive History?* The Dilemma of Technological Determinism. Cambridge, Massachusetts: The MIT Press, 1994, p.101-3.

_____. The Evolution of Large Technological Systems. In: BIJKER, Wiebe E., Hughes, Thomas, PINCH, Trevor (eds.). *The Social Construction of Technological Systems:* New Directions in the Sociology and History of Technology. Cambridge, Massachusetts: The MIT Press, 1999, p.51-82.

INTERNATIONAL HUMAN GENOME SEQUENCING CONSORTIUM. Finishing the Euchromatic Sequence of the Human Genome. *Nature,* v.431, n.7011, p.931-45, 21.out.2004.

JABLONKA, Eva. The Systems of Inheritance. In: OYAMA, Susan, GRIFFITHS, Paul E., GRAY, Russell D. (eds.). *Cycles of Contingency.* Developmental Systems and Evolution. Cambridge, Mass. (EUA): Bradford/The MIT Press, 2001, p.99-116.

JAENISCH, Rudolf, WILMUT, Ian. Don't Clone Humans! *Science,* v.291, n.5513, p.2552, 30.mar.2001.

JEFFORDS, James M., DASCHLE, Tom. Political Issues in the Genome Era. *Science*, v. 291, n.5507, p.1249-51, 16.fev.2001.

JUDSON, Horace Freeland. *The Eighth Day of Creation*. Makers of the Revolution in Biology. Cold Spring Harbor, New York: Cold Spring Harbor Laboratory Press, 1996.

_____. Talking about the Genome. *Nature*, v.409, n.6822, p.769, 15.fev.2001.

KAY, Lily E. *Who Wrote the Book of Life?* A history of the genetic code. Stanford, Calif.: Stanford University Press, 2000.

KELLER, Evelyn Fox. Nature, Nurture, and the Human Genome Project. In: KEVLES, Daniel J., HOOD, Leroy (eds.). *The Code of Codes*. Scientific and Social Issues in the Human Genome Project. Cambridge, EUA: Harvard University Press, 1993, p.281-99.

_____. *Refiguring Life*.Metaphors of Twentieth-century Biology. New York: Columbia University Press, 1995.

_____. Beyond the Gene but Beneath the Skin. In: OYAMA, Susan, GRIFFITHS, Paul E., GRAY, Russell D. (eds.). *Cycles of Contingency*. Developmental Systems and Evolution. Cambridge, Mass.: Bradford/The MIT Press, 2001, p.299-312.

_____. *O Século do Gene*. Tradução: Nelson Vaz. Belo Horizonte: Editora Crisálida, 2002.

KEVLES, Daniel J., HOOD, Leroy (eds.). *The Code of Codes*. Scientific and Social Issues in the Human Genome Project. Cambridge, EUA: Harvard University Press, 1993.

KLOSE, Joachim et al. Genetic Analysis of the Mouse Brain Proteome. *Nature Genetics*. v.30, n.4, p.385-93, 01.abr.2002.

KÜPPERS, Bernd-Olaf. *Information and the Origin of Life*. Cambridge, Massachusetts: MIT Press, 1990.

LACEY, Hugh. *Valores e atividade científica*. São Paulo: Discurso Editorial, 1998.

_____. *Is Science Value Free?* New York: Routledge, 1999.

LAMB et al. The Connectivity Map: Using Gene-expression Signatures to Connect Small Molecules, Genes and Disease. *Science*, v.313, n.5795, p.1929-35, 29.set.2006.

LANDER, E. S. et al. (INTERNATIONAL HUMAN GENOME SEQUENCING CONSORTIUM). Initial Sequencing and Analysis of the Human Genome. *Nature*, v.409, n.6822, p.860-921, 15.fev.2001.

LASH, Scott. *Critique of Information*. Londres: Sage, 2002.

LATOUR, Bruno. *Jamais fomos modernos*. Ensaios de antropologia simétrica. Tradução: Carlos Irineu da Costa. São Paulo: Editora 34, 1994.

_____. *A esperança de Pandora*. Ensaios sobre a realidade dos estudos científicos. Tradução: Gilson César Cardoso de Sousa. Bauru, São Paulo: Edusc, 2001.

LEDERBERG, Joshua. The Meaning of Epigenetics. *The Scientist*, n.18, v.15, p.6, 17 set 2001.

LES LETTRES FRANÇAISES. 1968a. Vivre et parler. *Les Lettres françaises*, p.3-7, 14 fev 1968. [Primeira parte da transcrição de debate entre François Jacob, Roman Jakobson, Claude Lévi-Strauss e Philipe L'Héritier.]

LES LETTRES FRANÇAISES. 1968b. Vivre et parler (II). *Les Lettres françaises*, p.4-5, 21 fev 1968. [Segunda parte da transcrição de debate entre François Jacob, Roman Jakobson, Claude Lévi-Strauss e Philipe L'Héritier.]

LEWONTIN, Richard C. *It ain't Necessarily so*: the Dream of the Human Genome and other Illusions. New York: New York Review Books, 2000a.

_____. *The Triple Helix*. Gene, Organism, and Environment. Cambridge, EUA: Harvard University Press, 2000b.

_____. Foreword. In: OYAMA, Susan. *The Ontogeny of Information*. Developmental Systems and Evolution. Durham, EUA: Duke University Press, 2000c, p.viii-xv.

_____. Genes, Organism and Environment. In: OYAMA, Susan, GRIFFITHS, Paul E., GRAY, Russell D. (eds.). *Cycles of Contingency*. Developmental Systems and Evolution. Cambridge, Mass.: Bradford/The MIT Press, 2001a, p.59-66.

_____. In the Beginning Was the Word. *Science*, v.291, n.5507, p.1263-4, 16 fev 2001b.

LEWONTIN, Richard C., ROSE, Steven, KAMIN, Leon J. *Not in our Genes*: Biology, Ideology, and Human Nature. New York: Pantheon Books, 1985.

_____. *The Doctrine of DNA*. Biology as Ideology. Londres: Penguin Books, 1993.

LINDEE, M. Susan. Watson's World. *Science*, v.300, n.5618, p.432-4, 18 abr 2003.

LODISH, H. et al. *Molecular Cell Biology*. 4.ed. New York: W.H. Freeman and Company, 1999.

LYOTARD, Jean-François. *A condição pós-moderna*. Tradução: Ricardo Corrêa Barbosa. Rio de Janeiro: José Olympio, 2000.

MALAKOFF, David, SERVICE, Robert F. Genomania Meets the Bottom Line. *Science*, v.291, n.5507, p.1193-203, 16.fev.2001.

MARCUSE, Herbert. *One-dimensional Man*. Boston: Beacon Press, 1991.

_____. Algumas implicações sociais da tecnologia moderna. In: *Tecnologia, guerra e fascismo*. Tradução: Maria Cristina Vidal Borba. São Paulo: Editora UNESP, 1999.

MARSHALL, Eliot. Sharing the Glory, not the Credit. *Science*, v.291, n.5507, p.1189-93, 16.fev.2001.

MARTINS, Hermínio. *Hegel, Texas e outros ensaios em teoria social*. Lisboa: Século XX, 1996a.

_____. Technology, the Risk Society and Post-history. In: *Instituto Superior de Ciências Sociais e Políticas – 90 Anos: 1906-1996*. Lisboa: ISCSP, 1996b, p.221-40.

_____. Risco, incerteza e escatologia – reflexão sobre o *experimentum mundi* tecnológico em curso (I). *Episteme*, Ano 1, n.1. p.99-121, dez.1997/jan.1998. Lisboa: Universidade Técnica de Lisboa.

MARX, Jean. Interfering with Gene Expression. *Science*, v.288, n.5470, p.1370-2, 26.mai.2000.

MARX, Leo. The Idea of "Technology" and Postmodern Pessimism. In: SMITH, Merritt Roe, MARX, Leo (eds.). *Does Technology Drive History? The Dilemma of Technological Determinism*. Cambridge, MA: The MIT Press, 1994, p.237-57.

MASSARANI, L., MOREIRA, Ildeu, MAGALHÃES, I. Quando a genética vira notícia: um mapeamento da genética nos jornais diários. *Ciência e Ambiente*, v.26, p.141-8, 2003.

MATHERS, John C. Nutrition and Epigenetics – How the Genome Learns from Experience. *British Nutrition Foundation Bulletin*, v.30, p.6-12, 2005.

MAYNARD Smith, John. The Cheshire Cat's DNA. *The New York Review of Books*, p.43-6, 21.dez.2000.

McCOOK, Alison. The Human Interactome Falls into Place. *The Scientist*, v.19, n.15, p.14, 1.ago.2006.

McGUFFIN, Peter, RILEY, Brian, PLOMIN, Robert. Toward Behavioral Genomics. *Science*, v.291, n.5507, p.1232-49, 16.fev.2001.

MENDELSOHN, Everett. The Politics of Pessimism: Science and Technology Circa 1968. In: EZRAHI, Yaron, MENDELSOHN, Everett, SEGAL, Howard (eds.). *Technology, Pessimism and Postmodernism*. Dordrecht, Holanda: Kluwer, 1994, p.151-73.

MOORE, David S. *The Dependent Gene: The Fallacy of "Nature vs. Nurture"*. New York: Times Books, 2002.

MORANGE, Michel. *The Misunderstood Gene*. Tradução de Matthew Cobb. Cambridge, Mass.: Harvard University Press, 2001.

MOSS, Lenny. Deconstructing the Gene and Reconstructing Molecular Developmental Systems. In: OYAMA, Susan, GRIFFITHS, Paul E., GRAY, Russell D. (eds.). *Cycles of Contingency*. Developmental Systems and Evolution. Cambridge, Mass.: Bradford/The MIT Press, 2001, p.85-97.

_____. *What Genes Can't do*. Cambridge, Massachusetts: Bradford/MIT Press, 2003.

NATIONAL HUMAN GENOME RESEARCH INSTITUTE (NHGRI). *NHGRI Funds Next Generation of Large-scale Sequencing Centers*. Bethesda, MD. [Comunicado de imprensa], 2003. Disponível em: <http://www.genome.gov/11508922>.

NATURE. Human Genomes, Public and Private. [Editorial] *Nature*, v.409, n.6822, p.745, 15 fev 2001.

NELKIN, Dorothy. *Selling Science*. How the Press Covers Science and Technology. New York: W. H. Freeman, 1995a.

NELKIN, Dorothy, Lindee, Susan. *The DNA Mystique*. The Gene as a Cultural Icon. New York: W. H. Freeman, 1995b.

NEUMANN-HELD, Eva. Let's Talk About Genes: the Process Molecular Gene and its Context. In: Oyama, Susan, GRIFFITHS, Paul E., GRAY, Russell D. (eds.). *Cycles of Contingency*. Developmental Systems and Evolution. Cambridge, Mass.: Bradford/The MIT Press, 2001, p.69-84.

NIGHTINGALE, Paul, MARTIN, Paul. The Myth of the Biotech Revolution. *Trends in Biotechnology*, v.22, n.11, p.564-9, nov. 2004. [doi:10.1016/j.tibtech.2004.09.010]

NÓBREGA, Marcelo Aguiar et al. Scanning Human Gene Deserts for Long-Range Enhancers. *Science*, v.302, n.5644, p.413, 17. out. 2003.

OLBY, Robert. *The Path to the Double Helix*. New York: Dover, 1994.

OLSON, Maynard V. Clone by Clone by Clone. *Nature*, v.409, n.6822, p.816-8, 15 fev 2001.

OTERO, Gerardo. The Coming Revolution of Biotechnology: A Critique of Buttel. In: FRANSMAN, Martin, JUNNE, Gerd, ROOBEEK, Annemieke (eds.). *The Biotechnology Revolution?* Oxford: Blackwell, 1995, p.46-61.

OYAMA, Susan. *The Ontogeny of Information*. Developmental Systems and Evolution. Durham, EUA: Duke University Press, 2000a.

_____. *Evolution's Eye: a Systems View of the Biology-culture Divide*. Durham: Duke University Press, 2000b.

OYAMA, Susan, GRIFFITHS, Paul E., GRAY, Russell D. (eds.). *Cycles of Contingency*. Developmental Systems and Evolution. Cambridge, Mass.: Bradford/The MIT Press, 2001.

PÄÄBO, Svante. The Human Genome and Our View of Ourselves. *Science*, v.291, n.5507, p.1219-20, 16 fev 2001.

PEARSON, Helen. What is a Gene? *Nature*, v.441, n.7092, p.398-401, 25 maio 2006.

PELTONEN, Leena, McKUSICK, Victor A. Dissecting Human Disease in the Postgenomic Era. 2001. *Science*, v.291, n.5507, p.1224-9, 16 fev 2001.

PENNISI, Elizabeth. The Human Genome. *Science*, v.291, n.5507, p.1177-80, 16 fev 2001a.

_____. Behind the Scenes of Gene Expression. *Science*, v.293, n.5532, p.1064-7, 10 ago 2001b.

PINKER, Steven. *The Blank Slate*. The Modern Denial of Human Nature. Londres: Allen Lane/Penguin, 2002.

PINTO-CORREIA, Clara. *O ovário de Eva*. A origem da vida. Tradução: Sonia Coutinho. Rio de Janeiro: Campus, 1999.

POLLARD, Thomas D. Genomics, the Cytoskeleton and Motility. *Nature*, v.409, n.6822, p.842-3, 15 fev 2001.

RABINOW, Paul. Artificiality and Enlightenment: from Sociobiology to Biosociality. In:CRARY, Jonathan, KWINTER, Sanford (eds.). *Incorporations – Zone*. n. 6, New York, 1992, p.234-52.

REDCLIFT, Michael, WOODGATE, Graham. (eds.). *The International Handbook of Environmental Sociology*. Cheltenham: Edward Elgar, 1997.

RIBEIRO, Renato Janine. Novas fronteiras entre natureza e cultura. In: NOVAES, Adauto (org.). *O Homem-Máquina*. São Paulo: Companhia das Letras, 2003, p.15-36.

RIDEOUT III, William M. et al. Nuclear Cloning and Epigenetic Reprogramming of the Genome. *Science*, v.293, n.5532, p.1093-8, 10 ago 2001.

RIFKIN, Jeremy. *The Biotech Century*. Harnessing the Gene and Remaking the World. New York: Tarcher/Putnam, 1998.

_____. *The Age of Access*. The New Culture of Hypercapitalism, Where all Life is a Paid-for Experience. New York: Tarcher/Putnam, 2001.

ROBERTS, Leslie. Controversial from the Start. *Science*, v.291, n.5507, p.1182-8, 16 fev 2001.

ROKAS, Antonis. Genomics and the Tree of Life. *Science*, v.313, n.5795, p.1897-9, 29 set 2006.

ROOBEEK, Annemieke J. M. Biotechnology: A Core Technology in a New Techno-economic Paradigm. In: FRANSMAN, Martin, JUNNE, Gerd, ROOBEEK, Annemieke (eds.). *The Biotechnology Revolution?* Oxford: Blackwell, 1995, p.62-84.

ROSA, Eugene A. Modern Theories of Society and the Environment: The Risk Society. In: SPAARGAREN, Gert, MOL, Arthur P. J., BUTTEL, Frederick M. (eds.). *Environmental and Global Modernity.* Londres: Sage, 2000.

ROSE, Steven. *Lifelines:* Biology Beyond Determinism. New York: Oxford University Press, 1998.

ROSE, Hilary, ROSE, Steven (eds.). *Alas, Poor Darwin: Arguments Against Evolutionary Psychology.* New York: Harmony Books, 2000.

RUBIN, Gerald M. et al. Comparative Genomics of Eukaryotes. *Science*, v.287, n.5461, p.2204-15, 24 mar 2000.

_____. Comparing Species. *Nature*, v.409, n.6822, p.820-1, 15 fev 2001.

SANTOS, Laymert Garcia dos. Tecnologia, natureza e a "redescoberta" do Brasil. In: ARAÚJO, Hermetes Reis de (org.). *Tecnociência e cultura.* Ensaios sobre o tempo presente. São Paulo: Estação Liberdade, 1998, p.23-46.

_____. Limites e rupturas na esfera da informação. *São Paulo em Perspectiva.* São Paulo: Fundação Seade, v.14, n.3, p.32-39, jul-set.2000.

_____. A desordem da nova ordem. In: VIANA, Gilney, SILVA, Marina, DINIZ, Nilo (orgs.). *O desafio da sustentabilidade.* Um debate socioambiental no Brasil. São Paulo: Editora Fundação Perseu Abramo, 2001a, p.27-41.

_____. Informação, recursos genéticos e conhecimento tradicional associado. In: AZEVEDO, Maria Cristina do Amaral, FURRIELA, Fernando Nabais (orgs.). *Biodiversidade e propriedade intelectual.* São Paulo: Secretaria do Meio Ambiente, 2001b, p.33-49.

_____. Tecnologia, perda do humano e crise do sujeito de direito. In: _____. *Politizar as novas tecnologias.* O impacto sociotecnico da informação digital e genética. São Paulo: Editora 34, 2003.

_____. Quando o conhecimento científico se torna predação *high-tech*: recursos genéticos e conhecimento tradicional no Brasil. In: SANTOS, Boaventura de Sousa (org.). *Semear Outras Soluções.* Os caminhos da biodiversidade e dos conhecimento rivais. Rio de Janeiro: Civilização Brasileira, 2005, p.125-65.

SARKAR, Sahotra. *Genetics and Reductionism.* Cambridge: Cambridge University Press, 1999.

SCHRÖDINGER, Erwin. ¿Qué es la vida? Tradução: Ricardo Guerrero. Barcelona: Tusquets, 1997.

SILVERMAN, Paul H. Rethinking Genetic Determinism. *The Scientist*, v.18, n.10, p.32-3, maio 2004.

SMITH, Merritt Roe. Technological Determinism in American Culture. In: SMITH, Merritt Roe, MARX, Leo (eds.). *Does technology drive history?* The Dilemma of Technological Determinism. Cambridge, MA: The MIT Press, 1994, p.1-35.

SMITH, Merritt Roe, MARX, Leo (eds.). *Does Technology Drive History?* The Dilemma of Technological Determinism. Cambridge, MA: The MIT Press, 1994.

SPAARGAREN, Gert, MOL, Arthur P. J., BUTTEL, Frederick M. (eds.). 2000. *Environmental and Global Modernity*. Londres: Sage, 2000.

STERELNY, Kim. Niche Construction, Developmental Systems, and the Extended Replicator. In: OYAMA, Susan, GRIFFITHS, Paul E., GRAY, Russell D. (eds.). *Cycles of Contingency*. Developmental Systems and Evolution. Cambridge, Mass: Bradford/The MIT Press, 2001, p.331-49.

STRAHL, Brian D., ALLIS, C. David. The Language of Covalent Histone Modifications. *Nature*, v.403, n.6765, p.41-5, 6.jan.2000.

STRATHERN, Marilyn. *Reproducing the Future*. Essays on Anthropology, Kinship and the New Reproductive Technologies. New York: Routledge, 1992.

STRAUSBERG, Robert L., RIGGINS, Gregory J. Navigating the Human Transcriptome. *Proceedings of the National Academy of Sciences*, v.98, n.21, p.11837-8, 9 out 2001.

STROHMAN, Richard. Maneuvering in the Complex Path from Genotype to Phenotype. *Science*, v.296, n.5568, p.701-3, 26.abr.2002.

SURANI, M. Azim. Reprogramming of Genome Function Through Epigenetic Inheritance. *Nature*, v.414, n.6859, p.122-8, 1.nov.2001.

_____. Immaculate Misconception. *Nature*, v.416, n.6880, p.491-3, 4 abr 2002.

SZATHMÁRY, Eörs, JORDÁN, Ferenc, PÁL, Csaba. Can Genes Explain Biological Complexity? *Science*, v.292, n.5520, p.1315-6, 18.maio.2001.

THE SEQUENCE of the human genome. Remarks by J. Craig Venter, Celera Genomics. [Press release sobre a revista *Science*, v.291, n.5507, 16 fev 2001.]

TOOBY, John, COSMIDES, Leda. The Psychological Foundations of Culture. In: BARKOW, Jerome H., COSMIDES, Leda, TOOBY, John (orgs.). *The Adapted Mind*. Evolutionary Psychology and the

Generation of Culture. New York: Oxford University Press, 1992, p.19-136.

TUMA, Rabiya S. Profile: Rudolf Jaenisch. *BioMedNet Conference Reporter, AACR 2002*, 6 abr 2002.

TUPLER, Rossella, PERINI, Giovanni, GREEN, Michael. Expressing the Human Genome. *Nature*, v.409, n.6822, p.832-3, 15.fev.2001.

VAN REGENMORTEL, Marc H. V. Reductionism and Complexity in Molecular Biology. *EMBO reports*, v.5, n.11, p.1016-20, 2004.

VENTER, J. Craig et al. The sequence of the human genome. *Science*, v.291, n.5507, p.1304-51, 16 fev 2001.

_____. Environmental Genome Shotgun Sequencing of the Sargasso Sea. *Science*, v.304, n.5667, p.66-74, 2 abr 2004.

VIVEIROS DE CASTRO, Eduardo. *A inconstância da alma selvagem. E outros ensaios de antropologia*. São Paulo: Cosac & Naify, 2002.

VOGEL, Gretchen. Watching Genes Build a Body. *Science*, v.291, n.5507, p.1181, 16 fev 2001.

WATSON, James D. *A Passion for DNA*. Cold Spring Harbor: CSHL Press. 2000.

WATSON, James D., BERRY, Andrew. *DNA. The Secret of Life*. New York: Alfred Knopf, 2003.

WATSON, James D., CRICK, Francis H.C. A Structure for Deoxyribose Nucleic Acid. *Nature*. v.171, n.4356, p.737-8, 25 abr 1953.

WILLIAMS, Rosalynd. The Political and Feminist Dimensions of Technological Determinism. In: SMITH, Merritt Roe, MARX, Leo (eds.). *Does Technology Drive History?* The Dilemma of Technological Determinism. Cambridge, MA: The MIT Press, 1994, p.217-35.

WILSON, Edward O. *On Human Nature*. Cambridge, Mass: Harvard University Press, 1978.

_____. *A unidade do conhecimento*. Consiliência. Tradução de Ivo Korylowski. Rio de Janeiro: Campus, 1999.

_____. *Sociobiology*. The New Synthesis. Cambridge, Mass: Belknap/Harvard (25th anniversary ed.), 2000.

WOLFFE, Alan P., MATZKE, Marjori A. Epigenetics: Regulation Through Repression. *Science*, v.286, n.5439, p.481-6, 15 out 1999.

WRIGHT, F.A. et al. A Draft Annotation and Overview of the Human Genome. *Genome Biology*, n.7, v.2, p.1-18, 16 fev 2001.

ZIZEK, Slavoj. Science: Cognitivism with Freud. In: . *Organs Without Bodies*. New York: Routledge, 2003, p.111-47.

ZWEIGER, Gary. *Transducing the Genome. Information, Anarchy, and Revolution in the Biomedical Sciences*. New York: McGraw-Hill, 2001.

SOBRE O LIVRO

Formato: 14 x 21 cm
Mancha: 23,2 x 39,3 paicas
Tipologia: IowanOldSt BT 10/14
Papel: pólen soft 80 g/m2 (miolo)
Cartão Supremo 250 g/m2 (capa)
1ª edição: 2007

EQUIPE DE REALIZAÇÃO

Assitência editorial
Olivia Frade Zambone

Edição de Texto
Ruth Mitsui Kluska (Preparação de Original)
Jaci Dantas de Oliveira, Sandra Garcia Cortés e
Gisela Carnicelli (Revisão)

Editoração Eletrônica
Eduardo Seiji Seki (Diagramação)

Imagem da capa
Nuno Ramos – DNA (Areia, resina, CO_2) 2003. Foto: Eduardo Knapp/FolhaPress.

202306170400419